JN122815

食料基地北海道を支える
物流ネットワークの課題と強靭化に向けた戦略

阿部　秀明 編著

目　次

本書の構成と研究目的

1. 本書のねらい

　北海道は広大で積雪寒冷といった厳しい自然条件の下にあるが、他地域と比べて比較優位にある産業は第1次産業であり、とりわけ地域経済にとって影響力の大きい産業は農業である。北海道は、わが国の食糧基地と言われるように、北海道全体の耕地面積（令和2年度）は、114万3,000 ha であり、前年に比べ1,000 ha ほど減少したものの、全国に占める割合は26％（全国1位）で推移している。平均経営規模では30.6 ha/戸と都府県の14倍、そして基幹的農業従事者（65歳未満）率では、58.7％と極めて高い。農作物の作目別のシェアでは、甜菜で100％、馬鈴薯78％、小豆94％、玉葱61％等々で、食料自給率は217％（全国38％）を誇り、道内総生産額のおよそ3％を占める[1]。特にここ数年は、貯蔵性の高い玉葱、馬鈴薯等の農産品に作付けウェイトが変わってきている。このように北海道は、わが国の食料供給基地として、また、食産業の強靭化に向けた供給バックアップ基地として、安全・安心な食料の安定供給に大きな役割を果たしてきた。同時に地域経済を牽引する農業や水産業等の食産業は、雇用や輪移出による域際収支の改善に努め、北海道経済に一定程度の貢献を果たしてきた。他方、比較優位にある1次産業とは対象的に、道内総生

---

[1] 「農林水産基本データ集（北海道）」北海道農政事務所による（令和5年5月）。
　https://www.maff.go.jp/hokkaido/toukei/kikaku/kihondata/kihondata.html

産に占める第2次産業の比率は低く、高コスト構造と言われている。しかし、農産物加工、農業資材を加えたアグリビジネス部門は、製造工業の中の食料品製造業で40%を占めており、1次産業と密接に関連した重要な輸移出産業として、道内の食品製造業部門の役割も極めて大きいといえる。

　一方、産業活動を支える北海道の物資流動に着目すると、四方を海に囲まれるなど物流にとって不利な立地条件（輸送距離の長大、北海道本州間の貨物輸送手段の限定等）の下で、日本の食料基地として農水産品やその加工食品を全国に送り「食エネルギー（生命維持）」を支える重要な役割を果たしている。しかし、産業構造の特異性から、農業生産のための中間財（肥料・飼料・資材）を始め、日用品雑貨等の生活必需品は関東地域や関西地域からの移入に頼る等、第2次産業比率の低さに起因する入超傾向（移出・移入などの貨物量）となっている。さらに、首都圏など大消費地から遠隔地にあることや道内に点在する地方都市との都市間距離が長いことなどの地理的条件に加えて、第1次産業比率の高さによる農産品出荷時期をピークとする季節波動等があることで、移出・移入のアンバランスを引き起こす等、物流システムを一層、複雑化・困難化させている。

　加えて近年では、流通構造の変化や情報化、国際化などの進展により、物流ニーズは多様化、高度化し、特に顕在化しているトラック運転手不足、2024年から開始される「働き方改革による労働時間の制約」、それと連なる「改善基準告示」の改正、船舶輸送におけるSOx排出規制強化の問題、そしてJR北海道の営業区間の見直し問題と青函共用走行問題などが相乗し、物流を取り巻く環境は極めて厳しい状況にある。とりわけ、働き手と担い手不足から派生する労働時間の制約は、ここ数年のうちに物流側からの農産品輸送に携わる労働力提供に不足が生じ、農産品供給が機能不全に陥るといった「食の安全保障」を脅かす由々しき事態が生じる可能性もある。また、近年頻繁に北海道を襲う台風などの自然災害により、農産物への直接的被害はもとより、農業インフラへの甚大な影響、そして物

流網の一部切断等で道路と鉄道の復旧が遅れる等、総じて物流への影響は計り知れない状況に陥っている。

　こうした食産業や物流対策の課題の検討とともに、今後の食料基地北海道の更なる発展と物流ネットワークの強靱化に向けた具体策を提案することが、本書のねらいであるが、主に2つの視点から接近した。特に、生産サイドの視点からアグリビジネス分野の拡大とそれを支えるサプライチェーン強靱化策について。他方、物流サイドの視点から道内・道外間の物流ネットワークの課題とあり方について検討を加え、それぞれの切口から北海道における物流ネットワークの強靱化戦略について、経済効果の導出や施策の貢献度などを中心に、計量経済学的アプローチにより検討を加えたものである。

　かかる問題意識の基で、本書は全体として5章から構成されており、各章の概要は以下の通りである。

2．本書の構成

　第1章では、「食料基地北海道を支えるアグリビジネスと物流ネットワークの役割」と題し、先ず、北海道の産業構造の特徴を概観した上で、食料関連産業の生産・移出規模や農畜産・加工品等の輸送実態の特徴を整理するとともに、その移出量や輸送手段をマクロ的な見地から整理・考察する。次いで我々が試算した北海道・道外間輸送における「輸送力低下」「運賃上昇」が1次産業や地域経済全体に及ぼす影響の実証分析の推計結果を紹介する。最後に、試算結果を踏まえ、今後の移輸出拡大と物流ネットワークの円滑化・効率化に向けた物流の推進方策について検討を加えるとともに、地域経済の強靱化に向けた北海道が講じるべき生産・物流戦略に関して考察を加える。

　第2章では、「食料基地北海道の農産品の供給制約が全国各地にもたら

す影響分析」と題し、主に災害時等における農業部門の供給制約に焦点を当てながら、その経済的影響に関し産業連関分析を試みる。具体的には、農業部門の供給制約が発生した場合の経済的影響を地域間産業連関表に基づき、仮説的抽出法を適用し、経済的影響を導出することで食料基地北海道の農産品の供給制約が全国各地にもたらす負の影響について実証分析を試みる。

　第3章では、「地域空間を考慮した地域間産業連関表の構築と妥当性の検証」と題し、地域空間を考慮した地域間産業連関表の構築に向けた方法論の整理と実証分析の際の作成方法について検討する。具体的には、様々な地域における政策評価に活用するため、既存の産業連関表を用いた接続表及び「完全分離法」による多地域間産業連関表を作成する方法論の検討とともに、既存の産業連関表と比較した推計結果の妥当性の検証や応用可能性について考察を加える。

　第4章では、「北海道の主要生産地域における物流の労働生産性向上にむけた取り組み」と題し、北海道農産品の主産地である富良野地域を対象とし、当該地域で農産品の輸送を担う富良野通運の効率化に向けた事例研究を行い、労働生産性向上の指標となる積載率・実車率・実働率の向上を目途に実施している取り組みについて、効果の検証と解決策の提示をしている。

　第5章では、「北海道産農畜産物移出入の季節特性の把握─季節波動の解消を目的としたピークカットにむけた検討材料の提供─」と題し、北海道産農畜産物の北海道外への移出輸送の季節変動平準化問題を取り上げる。具体的には、北海道産の主力作物である馬鈴しょ、たまねぎに着目し、出荷量の多い時期に出荷量を削減する「ピークカットによる出荷量の平準化」方策の効果について検証し、北海道産野菜の貯蔵および加工などの産業横断的なイノベーションにかかわる検討材料を提示する。

　終章では、本研究の成果を総括するとともに、今後に残された課題について検討するものである。

4

　以上、繰り返しになるが、本書は、北海道の基幹産業である農業の競争力維持・強化に向け、その要である「物流」の果たす役割（北海道と本州を結ぶ物流ネットワークの貢献度の検証）と昨今顕在化した様々な課題（トラック運転手不足、自動車運転者の長時間労働に関する問題、船舶輸送における SOx 排出規制強化の問題、そして JR 北海道の営業区間の見直し問題、青函共用走行問題など）を概観するとともに、道内各地域と全国の移出先・移入元とを結ぶ輸送経路について脆弱性、障害発生時の移出・入に係わる経済的影響を計量的（可視化）に明らかにし、その具体的な対策や取組の必要性とともに、今後の食料基地北海道の更なる発展と物流ネットワークの強靱化に向けた具体策を提案するものである。

　このように本書は、近年の自然災害、世界的なコロナ危機、そして国際情勢の変化によって、国はもとより地域経済におけるサプライチェーンの強靱化が強く求められていることに鑑み、地域間の物流ネットワークの重要性やサプライチェーンの寸断が及ぼす経済的影響の可視化、レジリエンス社会を生き抜く様々な方策を提案したものである。特に、本書で取り上げる研究は、科研費基盤研究（C）研究代表者：阿部秀明、研究課題：「食料基地北海道を支える物流ネットワークの課題と強靱化に向けた戦略」課題番号（19K06261）、同じく科研費基盤研究（C）研究代表者：相浦宣徳、研究課題：「地域と地域をむすび、地域経済を支える「物流ネットワーク」の強靱化にむけて」課題番号（19K01941）による研究がその基礎となっている。既に、その中間的な成果として、昨年度『地域経済におけるサプライチェーン強靱化の課題―地域産業連関分析によるアプローチ―』と題し共同文化社より刊行している。本書はその延長上に位置付けられるが、何れも今日の地域経済強靱化の戦略に課せられた重要なテーマであり、本書が何らかの展望なり示唆を与えることができれば幸いである。

編著者　阿部秀明

第 1 章

食料基地北海道を支える
アグリビジネスと物流ネットワークの役割

１．はじめに（背景と目的）

　北海道は、四方を海に囲まれるなど物流にとって不利な立地にも拘らず、日本の食料基地として農水産品やその加工食品を全国に送り「食エネルギー（生命維持）」を支える重要な役割を果たしている。

　こうした物流システムが機能することで食料基地北海道の存在が国民に認知されてきたわけだが、この物流に大きな陰りが生じている。それは、従前からの課題である「季節波動」、「輸送距離の長大」、「生産財の移出・生活関連物資の移入のアンバランス」、「北海道本州間の貨物輸送手段の限定（船舶、鉄道及び航空）」等に起因する北海道特有の課題に加え、昨今顕在化しているトラック運転手不足、2024 年から開始される「働き方改革による労働時間の制約」[1]、それと連なる「改善基準告示」の改正、船舶輸送における SOx 排出規制強化の問題、そして JR 北海道の営業区間の見直し問題と青函共用走行問題などが相乗し、北海道の貨物輸送環境は非常に厳しい状況にある。

　こうした中、今後、道内の基幹産業の競争力強化や道産品の販路拡大、移出拡大などを図っていくためにも、「物流」に係る様々な課題を明らか

---

[1] 「2024 年問題」とは、働き方改革関連法により 2024 年 4 月 1 日から物流業界に生じる様々な問題を指す。主に「自動車運転の業務」の時間外労働が年 960 時間と上限規制されることに起因し、「物流の 2024 年問題」とも呼ばれている。

にして、北海道の特異性や地域性を勘案しながら地域経済の強靭化に向けた施策に取組むことが重要である。

　本稿では、食料基地北海道の発展に欠かせない物流面に着目し、物流の現状と課題に関する重要点を整理しながら、地域経済（産業）発展に向けた物流の果たす役割を検証するとともに、その情報を広く関係方面に周知することを目的とする。

　本章では先ず、北海道の産業構造の特徴を概観し、食料関連産業の生産・移出規模や農畜産・加工品等の輸送実態の特徴を整理するとともに、その移出量や輸送手段をマクロ的な見地から整理・考察する。次いで我々が試算した『北海道・道外間輸送における「輸送力低下」「運賃上昇」が一次産業や地域経済全体に及ぼす影響』の実証分析の推計結果を紹介する。最後に、試算結果を踏まえ、今後の移輸出拡大と物流ネットワークの円滑化・効率化に向けた物流の推進方策について検討を加えるとともに、地域経済の強靭化に向けて、北海道が講じるべき生産・物流戦略に関しても考察を加える。

2．北海道の産業構造の特徴（共通認識の整理）

（1）産業構造の特異性

　北海道はわが国の食料供給基地として、また、食産業の強靭化に向けた供給バックアップ基地として、安全・安心な食料の安定供給に大きな役割を果たしてきた。同時に地域経済を牽引する農林水産業は、雇用や輸移出による域際収支の改善に努め、北海道経済に一定程度の貢献をしてきた。こうした比較優位にある1次産業とは対象的に、道内総生産に占める第2次産業の比率は低く、高コスト構造と言われている。しかし、農産物加工、農業資材を加えたアグリビジネス部門は、全製造業に占める食料品製

造業の割合が高く、1次産業と密接に関連した重要な輸移出産業として、道内の食品製造業部門の役割は極めて大きいといえる。直近年次の公表統計 2021 年「工業統計確報（令和元年実績値）」によれば[2]、北海道の食品製造業の製造品出荷額等は、2 兆 4,513 億円で、全製造品出荷額 6 兆 489 億円の 40.5％を占め、地域経済においても重要な産業となっている。特に畜産食料品・水産食料品や糖類製造品の全国シェアにおいて 10％〜20％を占めるわが国有数の食品生産地域である。

表 1　食料品関連産業の都道府県の産出額・シェア　　　　　単位：百万円

Top_5	食品関連産業（農林水＋食料品製造）		食関連産業/全産業	
都道府県	産出額	付加価値額	産出シェア	付加価値シェア
北海道	3,772,395	1,336,944	12.9%	8.6%
静岡県	2,653,186	1,299,188	9.1%	9.4%
愛知県	2,327,772	868,919	3.1%	2.6%
茨城県	2,282,649	833,613	10.2%	8.2%
千葉県	2,149,265	804,677	5.7%	4.5%
その他	33,427,104	14,032,990	4.8%	3.8%
全国	46,612,371	19,176,331	5.2%	4.2%

注）北海道の食品関連産業の生産規模（平成 28 年度：農林水産業・飲食品製造業（一部林業や農業サービス含む）。資料：内閣府「県民経済計算」平成 28 年，経済活動別県内総生産（名目値）を基に筆者産出。

　また、農林水産業を加え食品関連産業全体の規模で全国都府県と比較すると（表1）、北海道の産出額は、およそ 3.78 兆円で全産業 29.3 兆円の 12.9％を占めており、産出額・産出シェアともに全国一位である。また、付加価値額（生産額）においても 1.3 兆円で全産業 15.6 兆円の 8.6％を占めており、付加価値額でも全国一位となっている。同様に全国 8 地域ブ

---

[2] 資料：2020 年「工業統計確報―北海道分・従業者 4 人以上の事業所」北海道総合政策部情報統計局統計課、令和 3 年 7 月による。食料品製造業には、飲料・たばこ・飼料製造業を加えている。

表 2　食料品関連産業のブロック別の産出額・シェア　　単位：百万円

ブロック	食品関連産業（農林水＋食料品製造）		食関連産業/全産業	
	産出額	付加価値額	産出シェア	付加価値シェア
北海道	3,772,395	1,336,944	12.9%	8.6%
東北	5,215,558	2,143,661	7.6%	6.1%
関東	14,289,576	6,059,571	4.1%	3.3%
中部	6,843,970	2,845,982	4.4%	4.0%
近畿	5,687,630	2,657,113	4.2%	3.7%
中国	2,351,822	922,452	4.3%	3.7%
四国	1,607,612	594,622	6.8%	5.0%
九州	6,843,808	2,615,986	8.5%	6.4%

注）地域ブロックは、全国を 8 地方区分に分け、北海道、東北、関東、中部、近畿、中国、四国、九州・沖縄とした一般的な分類による。資料：内閣府「県民経済計算」平成 28 年，経済活動別県内総生産（名目値）を基に筆者産出。

表 3　食料品製造業の事業所・従業者数・シェア　　単位：件・人

従業者数 Top_5	食料品製造業		対製造業全体	
	事業所数	従業者数	事業所シェア	従業者シェア
北海道	2,629	83,342	31.0%	47.5%
埼玉県	1,352	69,749	6.4%	17.4%
愛知県	1,800	66,585	6.5%	7.9%
兵庫県	1,986	60,810	14.1%	17.0%
静岡県	2,714	59,037	16.3%	14.4%
その他	35,441	900,885	13.2%	16.1%
全国	45,922	1,240,408	12.9%	16.0%

注）食料品製造業は、飲料・たばこ・飼料を含む。平成 28 年経済センサス - 活動調査・産業別集計（製造業）を基に筆者が加工

ロック別で比較しても（表 2）、産出シェア、付加価値シェアは、ともに全国一位である。他方、食料品製造業従業者数（農林水含まず）では（表 3）、8.3 万人で、製造業全体の 47.5％を占め、従業者数においても全国一位となっており、食に関連する産業が北海道経済の中核を担っている。

　こうした役割が食糧基地北海道の産業的特徴であるが、より具体的に地

域経済の視点で産業構造の特異性分析やアグリビジネス等の食産業を中心とした相互依存関係の特徴を分析してみると興味深い点が指摘される。図1は、産業連関分析では一般的な指標である影響力係数（他産業へ与える影響の大きさ）と感応度係数（他産業から受ける影響の大きさ）によって、北海道の産業構造を表している[3]。以下では、全国と北海道の産業構造の違いや特徴を比較分析するために、日本及び北海道全体における影響力・感応度の傾向や特異性[4]に着目し考察を加える（図1、2）。

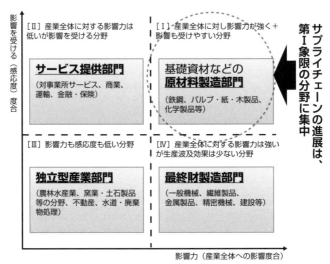

図1　日本全体の影響力・感応度の特徴
注）全国産業連関表（H23基本表）による影響力・感応度係数
　　に基づく分類

---

[3] 影響力係数と感応度係数の位置付けにおいては、一般に、影響力係数は各部門からの原材料投入率が高い部門、より多くの産業から原材料を投入している部門で大きな値を示し、感応度係数はその産業のアウトプットを中間需要する産業が多い部門で大きな値を示す。なお、これらの各係数は連関モデル（競争輸入型・非競争輸入型）に依存し、逆行列係数の型や部門統合の仕方によって異なる値となるため、算定数値の解釈には留意が必要である。
[4] 日本並びに北海道全体における影響力・感応度係数の計測結果の詳細については、文献［1］阿部秀明他『地域経済強靱化に向けた課題と戦略』共同文化社，pp21-26，2018年を参照されたい。

　図1に示されるように、日本全体の特徴としては、[Ⅰ]象限において産業全体に対し影響力が強く、かつ影響も受けやすい分野の係数値が何れも高くなっている。主に、基礎資材などの原材料製造部門（鉄鋼、パルプ・紙・木製品、化学製品等）が該当する。[Ⅱ]象限は、産業全体に対する影響力は低いが影響を受け易い分野の係数が高くなる。主にサービス提供部門（対事業所サービス、商業、運輸、金融・保険）が該当する。[Ⅲ]象限は、影響力も感応度も低い分野であり、主に独立型産業部門（農林水産業、窯業・土石製品等の分野、不動産、水道・廃棄物処理）である。[Ⅳ]象限は、産業全体に対する影響力は強いが生産波及効果は少ない分野であり、主に最終財製造部門（一般機械、繊維製品、金属製品、精密機械、建設等）が該当する。したがって、サプライチェーンが進展することで、第1象限の領域に関連する産業部門が集中することが予想されるし、仮に6次産業化が進展すれば産業間取引が活発化し相互に影響し合う産業部門が集積することを意味しよう。まさに経済全体を牽引するサプライチェーンの強靭化策に結びつくと云えよう。

　この点で北海道における影響力係数に注目すると（図2）、と畜・肉・酪農品、畜産、水産食料品、その他食料品といった農林水産業や食品製造業など、所謂、アグリビジネス・食品関連産業が比較的大きな値を示している。感応度係数では、サービス業、商業、電気ガス、金融・保険・不動産といった第3次産業の係数が高い。

　これらの部門は、何れも生産要素供給産業としての性格が強い部門である。同様に、畜産とその他食料品も高い値になっている。その他食料品部門のとしては、甜菜やでん粉加工品等も含まれ、道内には大規模な製糖工場・でん粉工場などが存在していること、また、畜産についても、と畜・肉・酪農品部門で生産財の多くが中間需要されていることなどが、感応度係数の値を高める要因となっている。他方で、影響力、感応度（影響も受け易い）が共に比較的高い部門は、畜産、その他食料品製造業であり、こ

11

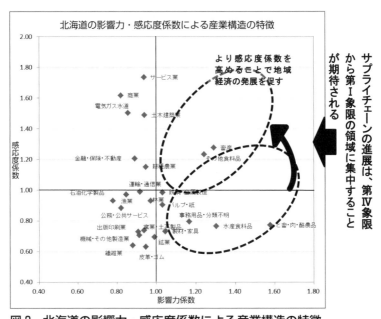

図2　北海道の影響力・感応度係数による産業構造の特徴

資料：北海道地域産業連関表（H17、33部門）を25部門に統合し、逆行
　　　列係数を算出し、［I－(I-M)A］－1モデルの逆行列係数を基に筆者
　　　が作成した。

れら原料生産や製造部門等のアグリビジネス部門が大きく表れていること
が北海道の産業構造の特徴といえる。今後とも、サプライチェーンの進展
に積極的に取組むならば、第IV象限のアグリビジネス部門の感応度を高め
ることで、第I象限の分野（畜産、その他食料品）との連携が強化（波及
効果の増大）され、本格的な原材料製造部門の強靭化に繋がることが期待
されよう。逆にこれらアグリビジネス分野の産業が低迷すれば、地域経済
への負の影響が極めて大きくなることは容易に理解されよう。したがっ
て、人口減少下において道内経済に活力を与えるには、食産業を主体とし
た域内連携や産業連携が必要不可欠であることが指摘されよう。

（2）北海道からの農畜産・加工品等の移出入の現状

　北海道の食品関連産業の生産・移出入規模について、平成 23 年度北海道産業連関表（104 部門統合表：生産者価格表示、北海道開発局）を基に特徴を整理する（表 4）。

表4　北海道の食料品関連産業の生産額・移出額・競争力指数（Revealed Interregional Competitiveness）

（単位：百万円、%）

		移出	移入	道内生産額	移出比率	域際収支	競争力指数
食料品関連産業	耕種農業	363,024	−128,463	634,764	57.2%	234,561	37.0%
	畜産	219,327	−9,538	542,825	40.4%	209,789	38.6%
	漁業	74,257	−30,275	282,786	26.3%	43,982	15.6%
	食肉・畜産食料品	367,932	−82,430	501,516	73.4%	285,502	56.9%
	水産食料品	476,313	−58,883	575,780	82.7%	417,430	72.5%
	精穀・製粉	21,310	−15,230	135,197	15.8%	6,080	4.5%
	その他の食料・飲料品	312,710	−435,189	783,998	39.9%	−122,479	−15.6%
	小　計	1,834,873	−760,008	3,456,866	53.1%	1,074,865	31.1%
その他産業計		4,278,590	−5,990,636	29,992,848	14.3%	−1,712,046	−5.7%
道内産業合計		6,113,463	−6,750,644	33,449,714	18.3%	−637,181	−1.9%

資料：平成 23 年度北海道産業連関表（104 部門統合表：生産者価格表示）北海道開発局を基に算出。

　道内の食品関連産業生産額（3.5 兆円）のおよそ 53.1% が道外へ移出（1.83 兆円）されており、食品関連産業の移出規模は、北海道全体の移出の 30%（1.83 兆円 /6.11 兆円）と多くを占めている。他方、移入額全体6.75 兆円のうち、7,600 億円程（11.3%）の飲食料品が道外から移入されており、北海道は、食品関連産業において移出超過の特徴となっている。仮に域際収支（移出−移入）を域内生産額で除し競争力とした視点（競争力のある産業の財・サービスは道外に移出されるといった仮定）で捉え算出すると[5]、食品関連産業全体の平均は、31.1%（全産業では−1.9%）と

---

[5] ここで仮定する競争力とは、競争力のある産業の財・サービスは道外に移出されるといった仮定に基づき、域際収支（移出−移入）／域内生産額により算出した。資料：

他の産業に比べ、競争力（他県より）が高いと考えられる。したがって、この仮定の下で、競争力のある産業は、主に食品関連産業であり、順に、水産食料品72.5％、食肉・畜産食料品56.9％、畜産38.6％、耕種農業37.0％、漁業15.6％、精穀・製粉4.5％と続く。逆に競争力が弱い産業は、化学工業製品・プラスチック製品－30.4％、機械・電子部品・輸送機械等産業－28.9％において顕著であり、その他産業全体では、－5.7％となっていることが特徴的である。

（3）北海道の農作物・加工品の移出量・手段（輸送力）

　ここでは、北海道開発局開発監理部開発調査課『農畜産物及び加工食品の移出実態（平成28年）調査結果報告書（平成30年3月）』に基づき、農作物・加工品の移出量の現状について整理する（表5）。

　農作物・加工品の出荷量全体（800万トン）の内、道内向けは444.4万トン（56％）で、356万トンが北海道から道外へ（45％）移出されている。道外向けは、関東・関西地域（関東・東山・東海・近畿）を中心に移出されており、道外全体の85％を占める。品目では、玉ねぎ、ジャガイモを中心とした野菜類、乳製品、砂糖、小麦、生乳などが多くを占めている。道外地域の輸送先別出荷量では、関東・東山地方への出荷が最も多く、全体のおよそ50％を占めており、次いで近畿22％、東海13％、九州5％、東北3.5％、中国3.2％、北陸2.2％、四国1.7％の順に全国に出荷されている（図3）。

　また、仕向先別出荷量では、米類、豆類、そば、牛肉が卸問屋向け、小麦、生乳、乳製品、砂糖が加工工場向け、野菜類、果実類、花きは卸売市

平成23年度北海道産業連関表（104部門統合表：生産者価格表示）北海道開発局を基に算出。

表 5　北海道の主要農畜産品の出荷先別出荷量 (2016 年)

（単位：トン）

品目名	北海道	東北	北陸	関東・東山	東海	近畿	中国	四国	九州	道外計	合計
米類	134,584	13,624	10,314	130,466	53,740	44,026	8,164	1,730	12,895	274,960	409,544
小麦	137,168	1,360	821	284,968	76,453	118,353	3,221	15,592	10,516	511,284	648,452
豆類	22,975	1,753	5,998	8,820	9,239	12,192	4,414	809	4,573	47,779	70,754
そば	1,457	61	393	436	80	176	0	45	34	1,224	2,681
野菜類	332,019	49,915	23,168	451,806	106,646	209,890	41,456	29,316	70,944	983,141	1,315,160
果実類	2,356	0	0	317	103	139	146	8	79	792	3,148
牛肉	14,479	683	207	10,754	3,404	10,478	410	101	1,463	27,500	41,978
豚肉	36,805	995	341	7,489	82	608	7	18	77	9,618	46,423
生乳	3,457,155	0	7,616	181,296	25,109	134,232	23,236	0	0	371,488	3,828,643
乳製品	209,226	26,691	3,843	380,682	35,942	126,667	8,034	229	4,660	586,748	795,975
でんぷん	31,205	6,480	5,979	36,534	57,787	40,323	5,413	2,027	16,779	171,320	202,525
砂糖	64,467	22,004	19,116	263,208	90,773	92,102	20,390	11,717	57,397	576,708	641,175
合　計	4,443,895	123,547	77,797	1,756,777	459,358	789,185	114,890	61,592	179,417	3,562,562	8,006,456
（シェア％）	55.5%	1.5%	1.0%	21.9%	5.7%	9.9%	1.4%	0.8%	2.2%	44.5%	100.0%

〈参考〉

（単位：千本）

	北海道	東北	北陸	関東・東山	東海	近畿	中国	四国	九州	道外計	合計
花き	26,931	3,104	342	34,526	9,981	22,635	1,720	702	4,384	77,395	104,326

資料：北海道開発局開発監理部開発調査課『農畜産物及び加工食品の移出実態（平成 28 年）調査結果報告書，平成 30 年 3 月

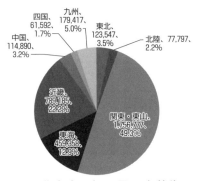

図3 農畜産・加工品の出荷先・量（トン）・シェア（%）

場向けの出荷が中心となっている。

主要用途別の出荷量の合計（およそ800万トン）では、加工用が75.3%を占め、生食用は23%、その他1.7%となっており、品目では、米類90%、野菜類71%、果実類64%、牛肉85%、豚肉等91%の生食用が多く、小麦100%、豆類96%、そば69%、生乳100%、でんぷん65%、砂糖84%等で加工用が多く出荷されている（図4）。

こうした農作物・加工品の移出手段では（表6、図5-1、図5-2）、道内向け輸送のほとんどがトラック（98.4%）によるが、出荷量全体の輸送では、トラック・フェリーによる輸送が全体のおよそ80%を占めており、

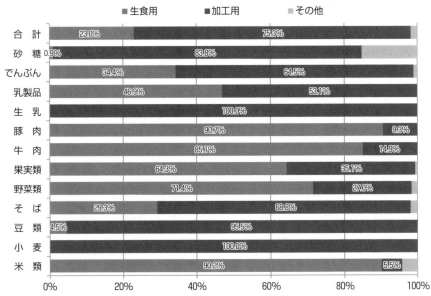

図4 北海道の農畜産物の主要用途別出荷量シェア

16

表 6　農畜産物の輸送機関別出荷量　　　　　　　　　　　　　（単位：トン）

品目名	出荷先		JR	トラック・フェリー	内航船	航空機	合計
農畜産物合計（花卉を除く）	道	内	51,899	4,372,703	19,292	0	4,443,895
	シェア%		1.2%	98.4%	0.4%	0.0%	100.0%
	道	外	879,152	1,966,387	714,896	2,128	3,562,562
	シェア%		24.7%	55.2%	20.1%	0.1%	100.0%
	合	計	931,051	6,339,090	734,188	2,128	8,006,456
	シェア%		11.6%	79.2%	9.2%	0.0%	100.0%

資料：北海道開発局開発監理部開発調査課『農畜産物及び加工食品の移出実態（平成28 年）調査結果報告書，平成 30 年 3 月

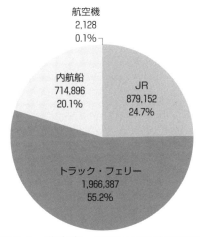

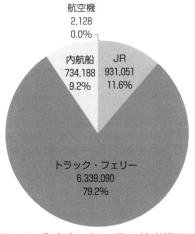

図 5-1　農畜産・加工品の輸送機関別出荷量（トン）・シェア%（道外）

図 5-2　農畜産・加工品の輸送機関別出荷量（トン）・シェア%（全体）

次いで、JR の 12%、内航船 9%の順となっている。航空機による輸送は 1%に満たない。道外向けは、フェリーが 55.2%、鉄道が 24.7%、フェリー以外の内航輸送が 20.1%の割合となっている。内航輸送による道外へ輸送の内、3 分の 2 は小麦、5 分の 1 強が砂糖である。したがって、北海道・本州間の農作物・加工品輸送の多くをフェリーと鉄道が担っている。

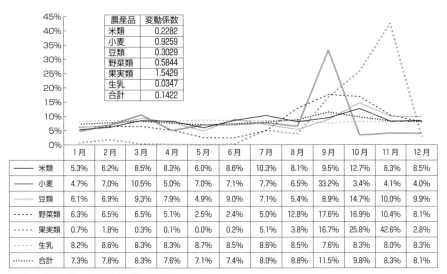

農産品	変動係数
米類	0.2282
小麦	0.9259
豆類	0.3029
野菜類	0.5844
果実類	1.5429
生乳	0.0347
合計	0.1422

	1月	2月	3月	4月	5月	6月	7月	8月	9月	10月	11月	12月
―― 米類	5.3%	6.2%	8.5%	8.3%	6.0%	8.6%	10.3%	8.1%	9.5%	12.7%	8.3%	8.5%
―― 小麦	4.7%	7.0%	10.5%	5.0%	7.0%	7.1%	7.7%	6.5%	33.2%	3.4%	4.1%	4.0%
―― 豆類	6.1%	6.9%	9.3%	7.9%	4.9%	9.0%	7.1%	5.4%	8.9%	14.7%	10.0%	9.9%
---- 野菜類	6.3%	6.5%	6.5%	5.1%	2.5%	2.4%	5.0%	12.8%	17.6%	16.9%	10.4%	8.1%
······ 果実類	0.7%	1.8%	0.3%	0.1%	0.0%	0.2%	5.1%	3.8%	16.7%	25.8%	42.6%	2.8%
---- 生乳	8.2%	8.6%	8.3%	8.3%	8.7%	8.5%	8.6%	8.5%	7.6%	8.3%	8.0%	8.3%
······ 合計	7.3%	7.8%	8.3%	7.6%	7.1%	7.4%	8.0%	8.8%	11.5%	9.8%	8.3%	8.1%

図6　農産物の月別出荷シェア

　一方、月別出荷量のシェアを類別にみると（図6）、小麦の出荷は9月（33%）に集中し、野菜類は9月（18%）から10月（17%）をピークに出荷が集中、ほぼ同様に果実は、9月から11月（17%〜43%）に出荷が集中しており、変動係数[6]で見ても果実1.54、小麦0.93、野菜類0.58が際立って高く、季節波動が顕著に現れている。他方、米類は10月（13%）の出荷が増えているが、それ以外の月は安定しており、変動係数で見ても0.14と低い。生乳は一年を通して安定しており、変動係数も0.03と低く、安定していることが特徴的である。

　こうした季節波動（農産品の収穫・出荷時期）が輸送手段において片荷、他方、農産品出荷の閑散期（1月〜初夏）に掛けた道外から北海道への入超傾向の要因となるが、トラック・シャーシ輸送（トラック＋フェ

---

[6] 変動係数は、標準偏差/平均により算出した係数で、月別のバラつきを評価するものである。なお、農畜産物合計の出荷シェアの変動係数は、0.13となっている。

リー/RORO 船)、鉄道貨物輸送が、お互いに補完関係を保つ(双方が欠かせない輸送モード)ことで北海道物流を支えてきた。

3．北海道・道外間輸送における「輸送力低下」「運賃上昇」が 1 次産業や地域経済全体に及ぼす影響

　北海道・道外間輸送において、従前からの北海道物流の課題は、主に「地理的条件」や「特異な産業構造」に起因するものであった。しかし、昨今、こうした課題に加え、「青函共用走行問題」、「JR 北海道営業区間の見直し」、「トラックドライバー問題」などの新たな課題に起因する輸送力の低下、運賃の上昇が起こることが強く危惧されている。本稿では、地域間産業連関分析により、輸送力の低下、運賃の上昇が起こった際の北海道の「農林水産業部門」並びに同部門と強く関連する「食飲料品部門」、さらに道外各地域への影響を試算する[7]。

（1）輸送力低下に伴う影響

　前述のように、北海道の農産品の大半は、鉄道貨物輸送、トラック・シャーシ輸送などのユニットロード貨物として、道外へ輸送されている。そこで、北海道と道外を結ぶ両輸送モード(鉄道貨物輸送、トラック・シャーシ輸送)の輸送力が低下した際に、相互に補完できずに低下分が北海道と道外間の移出入量の減分に相当すると仮定して、北海道の「農林水産業部門」、「食飲料品部門」に及ぼす負の経済波及効果を導出する。

　モデルは、次式に示す一般的な非競争輸入型を仮定した。

---

[7] 本稿の分析内容は、拙稿文献［10］『食糧基地北海道を支える物流の役割』3 節「北海道・道外間輸送における「輸送力低下」「運賃上昇」が農林水産業部門等に及ぼす影響」の箇所を改訂し、加筆修正を加えたものである。

$$X=[I-(I-M)\ A]^{-1}[(I-M)F+E]\ \cdots\cdots\ (1)$$

X：産業別産出高　I：単位行列　M：輸移入係数行列　A：投入係数行列

F：地域内最終需要　E：輸移出

　ここでは、輸移出のうち道外移出のみを変化させるので、移出減額を ΔE^{*} とし、輸出は変化しないものとする。式（1）より、生産誘発効果（直接効果＋一次効果）は、式（2）となる。

$$\Delta X_1=[I-(I-\hat{M})A]^{-1}[(I-\tilde{M})F+\Delta E^{*}]\ \cdots\cdots\ (2)$$

　また、波及プロセスに至るシナリオ設定の手順及び具体的な推計手順は、次の通りである（図7）。

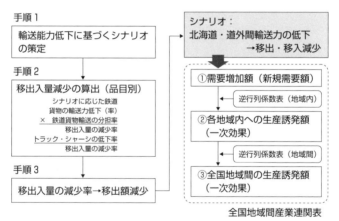

図7　推計手順

　まず、手順1において輸送能力低下に関するシナリオを策定する。具体的なシナリオについては、後述する。手順2では、道外への移出・移入に伴う鉄道貨物輸送、トラック・シャーシ輸送の輸送力低下率を品目別・仕向け先地域別に設定する。次に、鉄道貨物輸送、トラック・シャーシ輸送、各々の品目別輸送量と上記で設定した輸送力低下率から、道外各地域への各品目の移出・移入量の減少率を推計する。

　手順 3 では、手順 2 で求めた品目別の「移出量の減少率」を各品目が関連する産業部門における「移出額の減少率」と仮定し、波及プロセスの推計のため「平成 17 年地域間産業連関表（29 部門表）、経済産業省」を用い、全国地域間の経済波及効果を推計する。具体的な、推計手順を以下に示す。

①まず、波及プロセスの仮定条件としては、北海道から道外各地域への各品目の移出・移入量の減少率は関連する産業部門の移出額の減少率に一致すると仮定し、減少率を産業部門別移出額に乗じ、最終需要額とした。表 7 に輸送品目と産業部門の対応を示す。対応付けが困難な産業部門については、過大評価を避けるため「該当なし」とした。

表 7　産業部門と輸送品目の対応

No.	産業部門	輸送品目
1	農林水産業	農水林産品
2	鉱業	鉱産品
3	飲食料品	食料工業品
4	繊維製品	紙パルプ・繊維
5	製材・木製品・家具	雑工業品
6	パルプ・紙・板紙・加工紙	紙パルプ・繊維
7	化学製品	化学工業品
8	石油・石炭製品	化学工業品
9	プラスチック製品	化学工業品
10	窯業・土石製品	化学工業品
11 〜 18	鉄鋼製品、非鉄金属製品、金属製品、一般機械、電気機械、輸送機械、精密機械、その他の製造工業製品	金属機械工業品
19 〜 29	建設、公益事業、商業、金融・保険・不動産、運輸、情報通信、公務・教育・研究、医療・保健・社会保障・介護、対事業所サービス、対個人サービス、その他	該当なし

②次いで、産業連関表の部門分類に従って、①の各地域における最終需要額を地域別逆行列係数（1地域×9地域）に乗じることにより、各発地域における生産誘発額を推計した。

③各地域で発生した生産誘発により、財・サービスの原材料等を生産する全国の産業部門において、地域間のフィードバック効果を含む連鎖的な生産拡大が発生する。②において推計した「地域内の生産誘発額」を各地域の新規需要額とみなし、産業連関表の逆行列係数（9地域×9地域）に乗じることにより、全国地域間における生産誘発額を推計した。

こうして推計された全ての生産誘発額のうち、北海道の「農林水産業部門」、「食飲料品部門」の生産誘発額を抽出し、これを輸送力低下に伴う影響とする。以下、総合波及損失額（総合経済効果）と称す。

(1-1) 輸送力低下率の設定と推計結果

推計にあたっては、輸送力低下のシナリオを表8の①〜③に設定した。なお、これはあくまで暫定値であり、導出された結果はベンチマーク的（規範・中庸的水準）試算結果と言え、品目、発着地ごとの推計を行うことは今後の課題としている。計測結果を表9（シナリオに基づく総合波及損失額）に示す。

①シナリオ1の結果（鉄道貨物輸送の輸送力低下）

鉄道貨物輸送における輸送力低下（低下率15.4％）に伴う移出入減による直接・一次・二次効果を含めた総合波及損失額は、北海道全体で1,174億円に達する。とりわけ、農林水産業部門は374億円の経済的損失、飲食料品部門では576億円の損失となり、食品関連産業全体では、950億円の経済的損失となることが明らかとなった。これは、生産額ベースで2.5％の減、付加価値ベースでは5.5％の減に相当する。

②シナリオ2の結果（トラック・シャーシ輸送の輸送力低下）

トラック・シャーシ輸送の輸送能力低下（低下率10.0％）に伴う移出

表 8　輸送力低下のシナリオ

①シナリオ 1 （鉄道貨物の輸送力低下）	輸送力低下については、既往研究（参考文献［1］～［3］）から、青函共用走行問題に対する時間帯区分案によって上り 3 本、下り 3 本分の輸送力が低下するケースを想定する。具体的には、北海道から道外への輸送、道外から北海道への輸送、各々の低下率の平均である 15.44％を低下率と仮定した。トラック・シャーシ輸送については輸送力の低下がないものとする。
②シナリオ 2 （トラック・シャーシの輸送力低下）	トラック・シャーシの輸送力の低下率は 10％と想定する。鉄道貨物輸送については輸送力の低下はないものとする。
③シナリオ 3 （複合シナリオ）	鉄道貨物輸送、トラック・シャーシ輸送、双方の輸送力が低下するものと仮定し、鉄道貨物輸送の低下率をシナリオ 1 の 15.44％、トラック・シャーシ輸送の低下率をシナリオ 2 の 10.0％とする。

表 9　シナリオに基づく輸送能力低下がもたらす経済的損失額

単位：百万円

産業部門（北海道）	シナリオ 1	シナリオ 2	シナリオ 3
	総合波及損失額	総合波及損失額	総合波及損失額
農林水産業部門（a）	37,420	26,172	63,591
飲食料品部門（b）	57,630	51,872	109,502
食品関連産業（a＋b）計	95,050	78,043	173,093
経済的損失シェア（生産額）	2.52％	2.07％	4.60％
経済的損失シェア（付加価値額）	5.47％	4.49％	9.96％
全産業部門（合計）	117,742	102,239	219,981

注）北海道と道外間の移出入の減少が①＋②の波及プロセスを通じて全国へ波及連鎖する経済的損失額を導出した試算結果である。①北海道の移出減少額→全国波及額（道内分）は、輸送力低下の各シナリオの下で、北海道からの移出減少額と移出減少に伴う北海道内での生産減少額を加え、さらに北海道内での生産減少が全国へ波及した経済的損失額の北海道分。②北海道への移入（各地域→北海道）が減少した際に各域内の生産高が減少し、その後全国へ波及連鎖しながら北海道の産業への波及する経済的損失額。この①＋②の合計により、輸送力低下がもたらす北海道内の総合波及損失額（総合経済効果）を示す。

入減による直接・一次・二次効果を含めた総合波及損失額は、北海道全体で 1,022 億円に達することが試算された。特に、農林水産業は 262 億円の経済的損失、飲食料品部門では、519 億円の損失となり、食品関連産業全

体では、780 億円の経済的損失となることが明らかとなった。これは、生産額ベースで 2.1％の減、付加価値ベースでは 4.5％の減に相当する。

③シナリオ 3 の結果（複合シナリオ）

鉄道貨物の輸送能力低下とトラック・シャーシ輸送の移出・入の輸送能力低下に伴う移出入減による直接・一次・二次効果を含めた総合波及損失額は、北海道全体で、2,199 億円に達することが試算された。特に、農林水産業は 636 億円の経済的損失、飲食料品部門では 1,095 億円の損失となり、食品関連産業全体では 1,731 億円の多大な経済的損失となることが明らかとなった。これは、生産額ベースで 4.6％の減、付加価値ベースでは 10％の減に相当する。

以上から、鉄道貨物の輸送能力低下、トラック・シャーシの輸送力低下によって直接生ずる道内生産額の減少は、全国各地に波及連鎖しながら再び北海道の産業へ影響を与え、最終的に「農林水産業部門」、「飲食料品部門」に極めて深刻な影響をもたらすことが改めて確認された。

（2）運賃上昇に伴う影響

鉄道貨物輸送、トラック・シャーシ輸送における運賃上昇により、仮に価格転嫁が起こるとした場合、如何なる価格上昇を伴い、それらが北海道の「農林水産業部門」と「食飲料品部門」に影響をもたらすかについて、上記の輸送力低下の分析と同様に「地域間産業連関表（29 部門表）」を用い「均衡価格モデル」により推計した。

併せて、その価格上昇（価格転嫁）による最終消費財（最終消費額）負担に及ぼす負の経済効果を導出した。具体的には、運輸部門のコスト増によって価格転嫁が起こり、他の産業部門の生産価格に転嫁（価格上昇圧）されるとした場合の価格変化率を分析するものである。その際の価格波及（転嫁）プロセスは、運賃上昇により転嫁された中間財および最終消費財

価格の上昇が、産業間の取引を通じて他産業の最終消費財価格へどれだけ転嫁（上昇）させるかを導出する「コストプッシュ型」、すなわちコスト転嫁型を前提にしている[8]。推計手順を以下に示す（図8）。

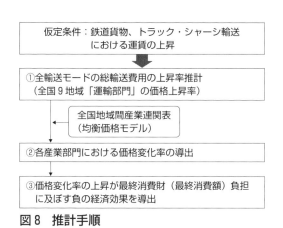

仮定条件：鉄道貨物、トラック・シャーシ輸送
における運賃の上昇

①全輸送モードの総輸送費用の上昇率推計
（全国9地域「運輸部門」の価格上昇率）

全国地域間産業連関表
（均衡価格モデル）

②各産業部門における価格変化率の導出

③価格変化率の上昇が最終消費財（最終消費額）負担
に及ぼす負の経済効果を導出

図 8　推計手順

①道外への移出・移入に伴う鉄道貨物輸送、トラック・シャーシ輸送の輸送力上昇率を品目別・仕向け先地域別に設定する。次いで、第 10 回全国貨物純流動調査の「表 VI-2　都道府県間輸送単価（代表輸送機関・品類別）」や貨物地域流動調査（国土交通省）等の鉄道貨物輸送の地域 OD 別・品目別分担率を勘案し、発地域別の全輸送モードによる総輸送費用の上昇率を推計した。これを全国 9 地域における「運輸部門」の価格上昇率とする。

②各地域の「運輸部門」の価格上昇率から「平成 17 年地域間産業連関表

---

[8] ただし、現実には、生産性の向上や利潤の削減により価格波及（転嫁）が吸収されたり、価格が政策的に決定される場合など、価格波及が他産業に及ばないケースもある。したがって、本分析から得られる解は、いわば「シャドウプライス（競争市場で期待される均衡価格）」であり、価格上昇に伴う家計消費（最終消費）への負担の目安、価格変化の上限を示すものと理解されたい。

（29部門表）」を用いた「均衡価格モデル」により、他産業部門への価格波及メカニズム、すなわち、他の産業部門の生産価格に転嫁される価格変化率を導出する。

③価格転嫁、すなわち価格変化率の上昇による最終消費財（最終消費額）に及ぼす負の経済効果を導出する。これらを全国9地域について推計し、北海道の「農林水産業部門」と「食飲料品部門」における最終消費財（最終消費額）の増加分を導出する。

(2-2) 運賃上昇率の設定

運賃上昇率の仮定条件は、鉄道貨物輸送、トラック・シャーシ輸送共に10％上昇する場合を想定した。ここでの上昇率は、あくまで暫定値であり、導出された結果はベンチマーク的（規範・中庸的水準）試算結果と言える。なお、品目、発着地ごとの推計を行うことは今後の課題としたい。

①運賃上昇による推計結果

表10に示されるように、各地域別の運輸部門の価格変化率は、最も高い北海道の4.02％、関東の0.28％、東北の0.15％と続き、最終的に全国に波及する。こうした価格上昇の下で、価格転嫁の波及プロセスを通じ最終消費財負担増額の合計は北海道で最も大きく348億円に達することが明らかとなった。さらに、北海道内の産業部門別（表11）では、運輸部門への負担額が最も大きく278億円に昇り、「農林水産業部門」と「食飲料品部門」を加えた食品関連産業への負担額の影響は、北海道全体の6％の20億円に及ぶことが明らかとなった。

以上から、鉄道貨物輸送、トラック・シャーシ輸送における運賃上昇によって各産業部門に価格波及しながら最終消費財へと転嫁する負担額（負の経済効果）は、北海道全体に深刻な影響をもたらす。北海道の基幹産業である食品関連産業において深刻な影響をもたらすことが改めて確認された。

表 10　運輸部門の地域別価格変化率と最終
　　　消費財の負担額　　　　単位：百万円

地域区分	価格変化率	消費財負担計
北海道	4.02%	34,842
東北	0.15%	32
関東	0.28%	262
中部	0.08%	13
近畿	0.09%	23
中国	0.02%	2
四国	0.03%	1
九州	0.03%	0
沖縄	0.00%	0
全国	――	35,175

注）分析では、「地域間産業連関表（29 部門
　　表）」を用い「均衡価格モデル」により推計
　　した。なお、価格上昇の仮定条件は、鉄道
　　貨物 10%上昇（料金の改定）する場合、同
　　様にトラック・シャーシも 10%上昇する場
　　合を想定した（鉄道・トラック・シャーシ
　　共に 1.1 倍）。

表 11　運賃上昇がもたらす食品関連門の価格上昇率と
　　　消費財負担額　　　　単位：百万円

主要産業部門（北海道分）	価格上昇率	消費財負担額
農林水産業部門（a）	0.09%	197
飲食料品部門（b）	0.12%	1,831
食品関連産業部門（a＋b）計	――	2,028
運輸部門	4.02%	27,759
産業部門全体	――	34,842

4．本章のまとめ

　本稿では、北海道物流を考える際のポイント、農産品の道外への輸送状
況、そして、北海道物流の昨今の問題を整理した。次いで、問題による影
響として想定される輸送力の低下、運賃の上昇による一次産業や地域経済

全体への影響を推計した。

北海道物流を考える際のポイントとして、「他地域に対する北海道物流の特異性」、「北海道内の物流に関する地域性」、「モノの運び方と運ばれ方の選ばれ方」、「2つの『セントロイドのズレ』」があげられる。北海道の特異性は、トラックドライバー不足などの問題による影響をより大きくし、それらの解決をより困難にしている。そして、特異性から北海道におけるモノの運び方も他の地域と大きく異なり、現在の運び方は特異性の克服に向けて、先人が創意工夫をかさねた結果である。さらには、道内の物流に関する地域性により、問題による影響は地域により異なることから、広域的な視点からの取り組みをより難しくしている。

農産品の道外への輸送は、仕向け先地域の特性（市場規模、北海道との鉄道輸送ダイヤや航路の設定状況など）、品目特性（温度管理の必要性など）を勘案し、輸送モード、輸送機材を組み合わせて、生産者と消費者にとってより望ましい形で輸送されている。繰り返しになるが、「モノの運び方と運ばれ方の選ばれ方」には、理由があるのである。諸処の問題の解決策として、輸送モードの転換があげられるが、クリアすべき条件は多岐にわたる。

昨今の北海道物流の問題として、「青函共用走行問題」、「JR北海道営業区間の見直し」、「トラックドライバー不足と労働環境の是正」について、概要と想定される影響を示したが、いずれの場合も、北海道、そして、道内の各地域から道外への輸送力の低下、運賃の上昇につながる問題である。特に鉄道貨物輸送に関係する前2者の問題により、輸送力の低下が起こった場合には、同様に輸送力の低下が懸念されるトラック輸送に依存せざるを得ない。鉄道貨物輸送からトラック輸送への転換においては、輸送ロットサイズの相違も大きな課題である。

また、実証分析として、輸送力の低下、運賃の上昇による北海道の「農林水産業部門」と「食飲料品部門」への影響を推計した結果によれば、移出額の減少、運輸部門の価格変化の直接的な影響に加え、全国各地に波及

連鎖しながら再び北海道の産業へ影響を与え、最終的に「農林水産業部門」、「飲食料品部門」、さらに「地位経済全体」に極めて深刻な影響をもたらすことが確認された。

　したがって、本稿で提起した物流部門の課題は、物流事業者だけの問題ではない。輸送力の低下による「出荷量の減少」、運賃上昇による「消費者価格への転嫁による市場での競争力の低下」、「生産者価格への転嫁よる収益の低下」など、北海道の基幹産業、農業の存続に関する問題である。農業分野だからこそ出来ることもある。農業サイドからの国、行政、経済団体への発信、農協出荷拠点、市場での積みおろし拠点でのパレット積みへの（パレット化による輸送効率の若干の低下への容認を含む）協力などである。当事者意識を持ち事態に臨むべきである。

　特に指摘したい点として、物流の使命は、「必要なモノを必要なトキに必要なトコロに届けること」である。それを達成するためには、物流事業者間の連携協力（共同輸送・物流施設の積み降ろしや待機時間短縮）はもとより、荷主・自治体、道・国等のインフラ管理者の多様な主体との連携・協力関係を確立し、省力化された効率的な物流を標準化することが不可欠である。消費者サイドも過剰サービスを求めたり、現在の安い輸送運賃の見直しも必要と考える。

　加えて、労働力不足の解消策として、トラックドライバーの労働環境改善（「標準貨物運送約款」が改正）の取組みが進む中、さらなる人手不足が懸念される 2024 年問題が迫っており、物流業界では大きな課題となっている。2024 年の法律改正（2024 年 4 月 1 日働き方改善関連各法律）において 2 つの制度が施行される。時間外労働の上限規制の適用（物流業界では時間外労働の上限が年間 960 時間までに定められている）、改正改善基準告示（拘束時間の短縮、運転時間・連続・休憩時間、分割休憩等の短縮等々）により、ドライバーの稼働時間が短縮される。今後さらに時間外労働を減らすための取り組みは強化される方向にある。勿論、こうした物

流業界の人手不足への社会的認知や宅配会社の一連の値上げなどにより、労働環境が徐々に改善の兆しを見せているが、今後も物流コストの上昇トレンドは続くであろうし、負担の一部を生産者や購買者（消費者）に転嫁する動きはさらに加速するであろう。

　最後に、不測の事態に遭遇した際の強靭化対策を忘れてはならない。2016年に北海道を襲った台風などの自然災害により、農産物への直接的被害はもとより、農業インフラへの甚大な影響、そして物流網の一部切断等で道路と鉄道の復旧が遅れる等、総じて物流への影響は計り知れない状況に陥った。政府は、2011年に発生した東日本震災以降、国を挙げて強靭化対策に取組んでいるが、物流を始めメーカー、卸小売り業者の対策は未だ十分に進んでいない。効率性の下で在庫を持たない「ジャストインタイム」が進行するなかで、強靭化策としてトラックからJR貨物へのモーダルシフトは一層加速するであろうし、生産工場の分散化も進むであろう。そのためには、サプライチェーンを寸断させず災害時においても事業を継続させることができるよう、荷主と物流事業者が連携したBCP（事業継続計画）の策定が真の「強靭化対策」として一層求められるであろう。そして、政策要望を含め今後望まれる物流分野への政策支援・バックアップ等[9]についても「物流の社会的要請」に向けた議論が活発になることを期待したい。

---

[9] 政策支援（補助金・制度）の可能性：輸送能力の低下・運賃上昇に対しての農業サイド、物流サイドの対応や様々な取組がなされているが、それでも対応できない局面において政策支援が必要である。これまで政策の多くが生産サイドに傾斜した内容が多く、安定供給に向けた施策に力が注がれているように思われる。生命維持産業としての農業生産（安定供給）に関わる様々な政策支援は不可欠だが、生産物を運ぶ物流に対する支援が薄い現状である。2017年7月に閣議決定された「物流総合施策大綱」では、物流施設の自動化・機械化を推進し、ロボット機器の導入を通じて、物流施設内作業の省力化や現場作業の負担軽減を進める方針が示されている。また、将来のドライバー不足への対応に向けた、「トラックの自動運転」や「隊列走行」の実用化に向けた取組も進んでいるが、法整備も含め具体化のハードルは未だ高い状況にある。例えば、国土強靭化地域計画・支援交付金・補助金→Total：1兆6,000億円。農林水産省：およそ3,000億円（うち強い農業交付金：200億円（7%）。こうした支援交付金の生産物を運ぶ「物流分野」へ活用を期待したい。

参考文献

［1］阿部秀明，相浦宣徳他『地域経済強靭化に向けた課題と戦略―北海道の6次産業化の推進と物流の課題の視点から―』共同文化社，2018 年

［2］平出渉，阿部秀明，相浦宣徳「全国経済活動における北海道・道外間鉄道貨物輸送の貢献度と北海道新幹線による貨物輸送の経済効果」，日本物流学会誌，第 25 号，pp.31-38，2017 年

［3］相浦宣徳，阿部秀明，岸邦宏，千葉博正，佐藤馨一「青函共用走行が北海道の移出・地域経済に及ぼすインパクト」，日本物流学会誌，第 23 号，pp.17-124，2015 年

［4］北海道内地域間産業連関表，国土交通省北海道開発局，https://www.hkd.mlit.go.jp/ky/ki/keikaku/u23dsn0000001p1j.html（最終アクセス日：2019.1.30）

［5］相浦宣徳，阿部秀明，田中淳，三岡照之，佐藤馨一「北海道・道外間ユニットロード輸送における新たな課題と課題解決に向けた論点の整理～道内各地域への影響分析から～」，日本物流学会誌，第 24 号，pp.41-48，2016 年

［6］青函共用走行問題に関する当面の方針，交通政策審議会陸上交通分科会鉄道部会整備新幹線小委員会，平成 25 年 3 月 29 日

［7］北海道物流実態調査報告書，「北海道を支える物流」を元気にする会，2018.9

［8］北海道開発局開発監理部開発調査課『農畜産物及び加工食品の移出実態（平成 28 年）調査結果報告書（平成 30 年 3 月）』

［9］相浦宣徳，阿部秀明，永吉大介「北海道物流の課題と農業分野への影響―物流分野から農業分野への問題提起―」フロンティア農業経済研究，第 22 巻，第 1 号，pp.39-53，2019 年

［10］阿部秀明「食糧基地北海道を支える物流の役割」フロンティア農業経済研究，第 22 巻，第 1 号，pp.1-8，2019 年

［11］阿部秀明編著『地域経済におけるサプライチェーン強靭化の課題―地域産業連関分析によるアプローチ―』共同文化社，2022 年

第 2 章

食料基地北海道の農産品の供給制約が全国各地にもたらす影響分析[1]

1. はじめに

　災害発生時には、生産停止や物流網の停滞が起こり、産業間・地域間のサプライチェーンの供給制約が経済活動に大きなインパクトショックを与える。特に農業部門においては、農産物の生産からエンドユーザーである飲食店や消費者までの間にいくつもの産業を経由しているため、サプライチェーンのスタート地点とも言える農作物の供給制約が関連産業に与える影響は非常に大きい。

　そこで本章では、主に災害時等における農業部門の供給制約に焦点を当てながら、その経済的影響に関し産業連関分析を試みる。具体的には、農業部門の供給制約が発生した場合の経済的影響を地域間産業連関表に基づきながら仮説的抽出法（HEM：Hypothetical Extraction Method）を適用して導出することで食料基地北海道の農産品の供給制約が全国各地にもたらす負の影響について実証分析を試みる。

---

[1] 本章の分析内容は、平出渉の博士学位論文『地域経済への空間的影響を考慮した政策評価に関する研究―前方連関効果アプローチによる分析評価手法の構築と実証―』第5章の一部、および、以下の①②の研究報告を再構成した上で加筆修正を加えたものである。①平出渉，阿部秀明「アグリビジネスに着目した連関分析」，阿部秀明編『地域経済におけるサプライチェーン強靭化の課題―地域産業連関分析によるアプローチ―』第1章所収，共同文化社，2022年。②平出渉，相浦宣徳，阿部秀明「農業部門の供給制約が及ぼすインパクト～仮説的抽出法によるアプローチ～」，フロンティア農業経済研究第25巻第1・2号，北海道農業経済学会，2022年。詳細は、文献［1］［2］［3］を参照されたい。

（１）後方連関・前方連関分析による影響度の接近

　本章の分析で適用する産業連関表は、一定期間において財・サービスが各産業部門間でどのように生産され、販売されたかについて、行列の形で一覧表にとりまとめたものであり、これを活用して各種施策の経済影響評価に用いることができる。ベーシックな産業連関分析は、ある産業部門において最終需要額の変化（増加あるいは減少）が起こったとき、それに対応して変化する他の産業部門の生産額を推計するものである。ここで推計されるのは、需要側の産業部門（川下産業）の需要変化に対する供給側の産業部門（川上産業）の生産額の変化であり、これを「後方連関効果（Backward Linkage Effect）」と呼ぶ（図1）。

図1　農業部門を中心とした前方連関効果と後方連関効果のイメージ

　後方連関効果の均衡産出高モデルにおいては、投入係数行列 A（中間投入額を当該産業部門の各列の生産額で除した係数。原材料等の費用構成比を示したもの）が組み込まれており、最終需要額 F が変化した場合（ΔF）に、その原材料（$A\Delta F$）が追加需要として発生し、さらにその原材料（$A\Delta F$）を生産するための原材料（$A^2\Delta F$、$A^3\Delta F$...）と連鎖的に生産が波及する。

一般的な競争輸入型産業連関表の横のバランス式である

$$X = AX + F + E - M \tag{1}$$

を解くと、

$$X = [I - (I - M)A]^{-1}[(I - M)F + E] \tag{2}$$

が求まり、このうち $[I - (I - M)A]^{-1}$ を Leontief 逆行列と呼ぶ。

ここで、X は生産額（列ベクトル）、I は単位行列、A は投入係数行列、F は地域最終需要額（列ベクトル）、E は輸出（列ベクトル）、M は輸入行列である。

一方、供給側の産業部門（川上産業）の生産額の変化が需要側の産業部門（「川下産業」の生産額に与える効果を「前方連関効果（Forward Linkage Effect）」と呼ぶ（図1）。

前方連関効果においては産出係数行列 B（各要素から輸入品を取り除いた上で、中間需要額を当該産業部門の各行の生産額で除した係数。原材料等の販路構成比を示したもの）を考慮することになり、産業連関表の縦のバランス式である

$$X = BX + V \tag{3}$$

を解くと、

$$X = V(I - B)^{-1} \tag{4}$$

が求まり、このうち $(I - B)^{-1}$ を Ghosh 逆行列[2] と呼ぶ。ここで、V は付加価値額（行ベクトル）である。

---

[2] Ghosh モデルは、地域間の完全代替性の仮定を置いている点がモデル上の問題点として指摘されている。岡田ら（2012）は Ghosh モデルについて、「例えば A 産業が被災後に川下への製品供給が止まった場合でも、B 産業による代替生産が可能とする完全代替の仮定を導入しているため、非常に重要な産業が壊滅的な被害を受けても、その影響波及を過小評価するモデルとなっている」と指摘している。

（２）仮説的抽出法

「仮説的抽出法（HEM：Hypothetical Extraction Method）」とは、ある産業部門が経済から消滅したと想定したとき、経済の総生産額がどれだけ変化するかということを数量的に評価する手法である（Schultz, 1977[3]、Miller and Blair, 2009[4]）。基本的な考え方としては、ある産業部門を抽出（生産・供給能力がゼロと仮定し、当該行・列の中間投入額を基本取引表から削除）したとき、抽出された部門を除いた残りの部門で構成される産業連関モデルと、抽出する前の産業連関モデルの差を、当該産業部門が経済全体に与える影響額として推計するものである。

　一方、岡田ら（2012）[5]や株田（2014）[6]は、これらのモデルに残存生産率を組み込んだ分析を行っている。すなわち、生産能力をλ、被災率（生産減少率）を$d(0<d<1)$とした場合、被災後の生産能力は$\lambda=(1-d)$で表すことができる。$\lambda=1(d=0)$は被災前の経済状態、$\lambda=0(d=1)$は生産能力が0となった経済状態を示している。

　本節では、これらの先行研究を参考に、北海道の農業部門が全国経済に与える影響額を推計するため、当該産業部門の生産・供給能力をゼロすなわち$\lambda=0(d=1)$として分析を行った。加えて、台風被害による農業部門の経済的影響を推計するため、2016（平成28）年北海道豪雨災害の際の

[3] Schultz, S., "Approaches to identifying key sectors empirically by means of input-output analysis," The Journal of Development Studies, 14(1), pp77-96, 1977.
[4] Miller, R. & Blair, P. "Supply-Side Models, Linkages, and Important Coefficients. In Input-Output Analysis", Foundations and Extensions, pp.543-592, Cambridge University Press, 2009.
[5] 岡田有祐，奥田隆明，林良嗣，加藤博和：前方連関効果を考慮した広域巨大災害の産業への影響評価，土木計画学研究講演集45，2012.6.
[6] 株田文博：産業連関分析による食料供給制約リスクの分析—ボトルネック効果を組み込んだGhosh型モデルによる前方連関効果計測—，農林水産政策研究第23号，農林水産政策研究所，pp1-21，2014.12.

被害額を用いた残存生産率 $\lambda = (1-d)$ を用いて分析した。

（3）分析用の産業連関表の特徴

　経済産業省「2005（平成 17）年地域間産業連関表」を用いて、仮説的抽出法に基づき、北海道の農業部門を抽出、つまり北海道の農業部門が生産・供給をすべて停止して他部門との中間財・最終需要部門との取引を一切行わなくなるケースを想定する。具体的には、北海道の農業部門を抽出した場合の産業別生産額と、抽出しない場合（＝平常時の経済）の産業別生産額を比較し、その差（減少分）を北海道の農業部門が全国経済に与える影響額として推計するものである。

表 1　農林水産業の部門分割

公表用基本分類 （行 404×列 350 部門）	推計用 37 部門表	公表用基本分類 （行 404×列 350 部門）	推計用 37 部門表
米	水稲	鶏卵	畜産
麦類		肉鶏	
豆類	豆類	豚	
いも類	野菜	肉用牛	
野菜（露地）		その他の畜産	
野菜（施設）		獣医業	農業サービス
果実		農業サービス（除獣医業）	
砂糖原料作物	食用工芸作物	育林	林業・水産業
飲料用作物		素材	
その他の食用耕種作物		特用林産物（含狩猟業）	
飼料作物	非食用耕種作物	沿岸漁業	
種苗		沖合漁業	
花き・花木類		遠洋漁業	
その他の非食用耕種作物		海面養殖業	
酪農	酪農	内水面漁業	
		内水面養殖業	

出所：経済産業省経済産業局（全国 9 地域）「2005（平成 17）年地域産業連関表・公表用基本分類（行 404×列 350 部門）」に基づき作成。

さて、「2005（平成 17）年地域間産業連関表」は、経済産業省ホームページにより 12・29・53 部門表が公表されているが、農業部門は林業・水産業を含む「農林水産業」としてまとめられている。そこで本節では、農業部門を詳細に分析する目的から、29 部門表をベースとして、全国 9 地域の地域産業連関表・公表用基本分類（行部門 404×列部門 350）を用いて「農林水産業」を「水稲」「豆類」「野菜」「食用工芸作物」「非食用耕種作物」「酪農」「畜産」「農業サービス」の農業 8 部門と「林業・水産業」の計 9 部門に分割し、37 部門の全国地域間表を分析用に加工した（表 1）。

2．農業被害の間接的被害推計
― 2016 年北海道豪雨災害を例に―

（1）直接被害額

2016（平成 28）年 8 月に発生した北海道豪雨災害では、相次いで 4 つの台風（7 号、11 号、9 号、10 号）が上陸・接近し、広範囲に河川氾濫や土砂災害をもたらした。北海道豪雨災害による農業被害は、被害面積 38,927 ha、被害額 543 億円と公表された。この 543 億円の内訳は、農作物被害が全体の約半分である 263 億円、次いで農地・農業用施設（用排水路など）で 220 億円である。

農作物被害は畑作物が大部分を占め、ばれいしょ 119 億円、野菜 88 億円（うち、たまねぎ 27 億円、スイートコーン 11 億円）となっている。地域別では、十勝（300 億円）やオホーツク（121 億円）など道東の畑作地帯の被害が大きくなっている[7]。

---

[7] 北海道総務部危機対策局危機対策課：平成 27 年 10 月 7 日(水)からの台風 23 号による被害状況等（第 5 報／最終報），2015.10.13，https://www.pref.hokkaido.lg.jp/fs/2/3/3/2/8/6/4/_/27.10.7taihuu23gou_5.pdf（2022.10.18 閲覧）

（2）間接的被害額の推計方法

　直接被害額を北海道豪雨災害による農作物被害額 263 億円とした場合の間接的被害を、比較考察のため次の①〜④の 4 パターンで推計した[8]。

①通常の産業連関モデルによる後方連関効果

　農産物被害額 263 億円から中間需要額を差し引いた最終需要減少額を後方連関モデルに投入し、そこで推計された生産誘発額を、農産物被害により失われた生産減少額（後方連関効果）とする。

②通常の産業連関モデルによる前方連関効果

　農産物被害額 263 億円による付加価値減少額を前方連関モデルに投入し、そこで推計された生産誘発額を、農産物被害により失われた生産減少額（前方連関効果）とする。

③仮説的抽出法による後方連関効果

　農産物被害額 263 億円を北海道の農業部門の生産減少額とした際の被災率（生産減少率）を算出し、$\lambda = (1-d)$ で示す残存生産率をモデルに組み込む。具体的には、北海道の農業部門の中間投入額に部門毎の残存生産率を乗じた投入係数行列 $\tilde{A}$ を被災後の投入構造と仮定して Leontief 逆行列 $[I-(\tilde{A}-\hat{M}\tilde{A}^*)]^{-1}$ を算出する。

　前述した仮説的抽出法に基づき、被災後の生産額 $\tilde{X}$ と、もとの生産額 X の差である ΔX を農産物被害により失われた生産減少額（後方連関効果）とする。

④仮説的抽出法による前方連関効果

　上述の③と同様に、北海道の農業部門の中間需要額に部門毎の残存生産率を乗じた産出係数行列 $\tilde{B}$ を被災後の産出構造と仮定して Ghosh 逆行列

---

[8] 後方連関効果及び前方連関効果の推計モデル、仮説的抽出法を用いた産業連関モデルについては、第 3 章で示しているため詳細は割愛する。

$(I - \tilde{B})^{-1}$ を算出する。前述した仮説的抽出法に基づき、被災後の生産額 ΔX と、もとの生産額 X の差である ΔX を、農産物被害により失われた生産減少額（前方連関効果）とする。

（3）間接的被害額の推計結果

　農業部門の直接被害額（農産物被害額）263 億円による全国経済への間接被害額は、後方連関効果では、①通常の産業連関モデルによる推計値が 80 億円、③仮説的抽出法による推計値が 179 億円と、仮説的抽出法を用いた推計値が 2.2 倍大きくなった。一方、前方連関効果では、②通常の産業連関モデルによる推計値が 135 億円、④仮説的抽出法による推計値が 231 億円と、仮説的抽出法を用いた推計値が 1.7 倍大きくなった（表 2）。

表 2　2016 年北海道豪雨による経済的波及被害（波及効果・推計方法別）

（単位：億円）

| 地域 | 直接効果 | | 通常の産業連関モデル | | | |
			①後方連関効果		②前方連関効果	
北海道	263.0	100.0%	46.0	57.6%	58.3	43.3%
東北	0.0	0.0%	3.3	4.1%	4.9	3.7%
関東	0.0	0.0%	15.8	19.8%	42.4	31.5%
中部	0.0	0.0%	4.3	5.3%	6.5	4.8%
近畿	0.0	0.0%	4.2	5.3%	14.9	11.1%
中国	0.0	0.0%	3.9	4.9%	1.9	1.4%
四国	0.0	0.0%	1.0	1.3%	1.5	1.1%
九州	0.0	0.0%	1.4	1.7%	4.1	3.0%
沖縄	0.0	0.0%	0.0	0.0%	0.2	0.1%
合計	263.0	100.0%	79.8	100.0%	134.7	100.0%

（単位：億円）

地域	直接効果		仮説的抽出法			
			③後方連関効果		④前方連関効果	
北海道	263.0	100.0%	101.7	56.9%	99.6	43.0%
東北	0.0	0.0%	7.4	4.1%	8.4	3.6%
関東	0.0	0.0%	35.6	19.9%	73.1	31.6%
中部	0.0	0.0%	9.7	5.4%	11.2	4.8%
近畿	0.0	0.0%	9.6	5.4%	25.9	11.2%
中国	0.0	0.0%	9.2	5.1%	3.3	1.4%
四国	0.0	0.0%	2.3	1.3%	2.6	1.1%
九州	0.0	0.0%	3.1	1.8%	7.0	3.0%
沖縄	0.0	0.0%	0.1	0.1%	0.3	0.1%
合計	263.0	100.0%	178.7	100.0%	231.4	100.0%

　①及び②の通常の産業連関モデルでは、産業構造は被災前後でも変化しないと仮定しているため、被災前の産業構造を前提とした直接的な生産減・供給減による影響のみが推計される。これに対し、③及び④の仮説的抽出法では、被災により変化した産業構造が表現されているため、直接的な生産減・供給減による影響に加え、産業部門間の中間財の供給停止など産業構造の変化による影響が推計される。

　災害により工場等の生産拠点が稼働停止となった場合、その期間が長期に及んだり、被災地域が広範囲に及ぶ際には、当該地域の産業構造が変化するという仮定も現実的であろう。そのため、供給制約による影響を把握し、災害発生時の被害推計や事前シミュレーションを行う上で、仮説的抽出法は有効な推計方法であると推察される。

（4）本節のまとめ

　本節では、産業連関分析においてベーシックな後方連関効果に加え、前方連関効果の観点から北海道の農業部門の影響額を分析した。仮説的抽出

40

法を用いると、後方連関効果よりも前方連関効果で大きな経済的インパクトがあることが確認された。全国への原材料供給基地という北海道農業の位置付けを踏まえると、前方連関効果を推計することで改めてその貢献度が浮き彫りとなった。

　一方で、仮説的抽出法は推計のために一定の仮定を置くものであり、現実的なサプライチェーンや取引構造との違いがあることは前提として考慮しておかなければならない。特に農作物の場合、被害を受けた内容やタイミングで間接的被害の意味合いが変わる。現実には、被害を受けた時期が収穫前か収穫後かにより直接被害額や経済的影響は大きく変動するであろうし、対象となる財が需要側産業において代替可能なケース（同じ財を別の地域から調達するなど）であれば経済的影響はそこまで広がらないかもしれない。この点については、当該産業部門の重要度をモデルに反映するなどの工夫が必要となろう。

　以上のように、地域間産業連関モデルを利用する場合には、モデルの前提条件やその限界に留意する必要があるが、前方連関効果・後方連関効果ともに間接的な波及を定量的に把握することは、間接的被害に対するリスク分析や政策評価を実施する上で有意義であり、こうした分析が有効であることが示唆された。

３．北海道における貨物鉄道輸送網の維持に関する分析[9]

（１）本節の分析目的

　北海道新幹線は、2016（平成28）年3月26日に新青森・新函館北斗間

---

[9] 本説での分析内容は、次の研究報告を再構成した上で加筆修正したものである。
平出渉，相浦宣徳「北海道新幹線並行在来線と青函共用走行区間における貨物鉄道輸送に関する一考察〜議論の整理と仮説的抽出法アプローチによる影響分析〜」，日本物

148.8 km が開業し、現在、2030（令和 12）年度末の新函館北斗～札幌間211.5 km の開業を目指して延伸工事が進められている。新函館北斗～札幌間には、新八雲（仮称）駅、長万部駅、倶知安駅、新小樽（仮称）駅の4 駅が設けられる予定であり、札幌延伸時には、並行在来線である JR 函館線・函館～小樽間 287.8 km が JR 北海道から経営分離され、小樽～長万部間についてはバス転換されることとなった。一方、長万部～函館については旅客だけでなく、当該区線を通過する貨物鉄道輸送網の維持についても議論されている[10]。

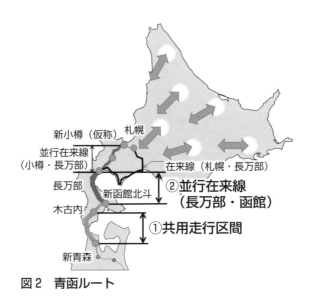

図 2　青函ルート

　本節では、青森から青函共用走行区間[11]（図 2 のうち①）を通過し、北

流学会誌第 30 号，日本物流学会，pp219-226，2022.6.
[10] 小樽～長万部間（約 140.2km）については、2022（令和 4）年 3 月 27 日に開催された北海道新幹線並行在来線対策協議会第 13 回後志ブロック会議においてバス転換が決定し廃線が確定している。（https://www.pref.hokkaido.lg.jp/ss/stk/heizai.html）
[11] 北海道新幹線と貨物列車が三線軌条を用い共用走行する青函トンネルを含む約82 km の区間を指す。

海道新幹線並行在来線（函館・長万部間）（図２のうち②）を経て、北海道と本州を結ぶ貨物鉄道輸送リンクを対象とした分析を行う。これらは、個別に議論・報道されることが多いため、個々の問題として捉えられがちであるが、北海道・本州間の輸送においては双方が同時に機能する必要があることから、本節では両者をまとめて「青函ルート」と総称する。なお、北海道・本州間の輸送を担う貨物列車はすべてこの青函ルートを通過している。

　本節では、昨今の青函ルートに関する議論を整理すると共に、同ルートを走行する貨物鉄道輸送の在り方について、重要性と同ルートを通る貨物鉄道輸送ができなくなった場合の北海道及び全国各地への経済的影響という２つの観点から検討する。経済的影響については、仮説的抽出法を用いた産業連関分析により推計する。

（２）青函ルートにより輸送される貨物の特徴

1）輸送量・主な品目

　現在、青函ルートを通過する貨物鉄道輸送によって、北海道を発着するユニットロード貨物の約２割に相当する、移出236万トン、移入231万トンの荷物が運ばれている[12]。図３のとおり、北海道から全国各地へは道内各地で生産された農産品や加工食品などが運ばれ、全国各地からは北海道民の生活に欠かせない日用雑貨や食料などが運び込まれている[13]。青函ルートはまさに道内各地域と道外を結ぶ物流の大動脈であり、この輸送ができなくなった場合には全国の経済活動に大きな影響を及ぼすこととなる。

---

[12] 貨物・地域流動調査における平成25〜29年度平均。
[13] 相浦宣徳, 冨田義昭『激変する農産物輸送　HAJA ブックレットグローバリゼーションと北海道』, 北海道農業ジャーナリストの会, 2019.7.

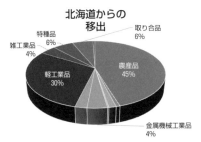
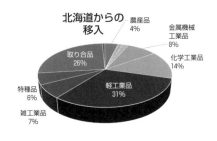

図 3　北海道の移出・移入の品目別内訳

出所：貨物・地域流動調査（平成 25～29 年度平均）より作成

2）方面別・地域別シェア

　ユニットロード貨物として、北海道から大量に移出・移入される品目（農産品、軽工業品、雑工業品など）について、移出先地域別、移入元地域別に鉄道貨物の輸送機関分担率をみると、九州（北海道からの移出81.7％、北海道への移入67.9％）、中国（移出77.5％、移入44.9％）、四国（移出73.4％、移入74.6％）など、より遠方の地域や北海道からのフェリー・RORO 船の乗り継ぎの便が悪い地域において貨物鉄道輸送が貢献している（図 4、図 5）。

　また、北海道内の地域においては、貨物鉄道輸送への依存度に大きな差がある。地域別に鉄道貨物の輸送機関分担率をみると、オホーツク地域（60.1％）、道北地域（49.2％）、十勝地域（32.2％）が高い一方、並行在来線沿線地域である道南地域では 4.4％と極端に低い。

3）ロットサイズと輸送トリップ（配達）

　北海道発の鉄道コンテナデータに基づく分析結果から、全配達回数の約86％の配達が鉄道コンテナ 1 個単位で配達されており、コンテナ 2 個での配達を合わせると約 97％にのぼる。5 t～10 t という比較的小さいロット[14]

---

[14] フェリー・RORO 船を介したトラック・シャーシ輸送の場合の輸送ロットは概ね20 t である。

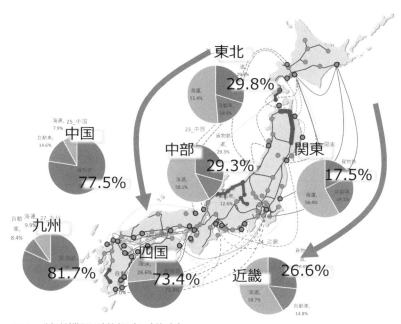

図 4　輸送機関別分担率（移出）
出所：貨物・地域流動調査、日本貨物鉄道貨物株式会社輸送実績より作成
（平成 25～29 年度平均）

で 9 割を超える配達がなされている。これらの貨物が小ロットで流通する
理由としては、配達先の事業規模、保管スペースの制約、周辺の狭隘道路
などによる接車制限などがあげられる。

　図 6 は出荷元荷主と配達先荷主の組合せが同じ輸送トリップ（配達）の
年間発生回数（図の横軸）、発生間隔の平均（同縦軸）を示したものであ
る[15]。分析には、北海道内利用運送事業者 6 社より貸与された約 27 万件
のデータを用いた。発生間隔は、出荷元・配達先荷主の組合せが同じ配達
が発生する度に、前の配達の発生時との間隔を算出し、合計値を配達発生

---

[15] 例えば、間隔 2 日、回数 10 回のドットは、農産品出荷繁忙期等に集中配達（2 日間
隔で年間 10 回配達）されている。

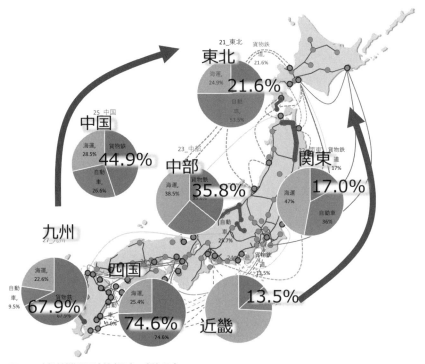

図 5　輸送機関別分担率（移入）

出所：貨物・地域流動調査、日本貨物鉄道貨物株式会社輸送実績より作成（平成
　　　25〜29 年度平均）

回数から 1 を減じた数で除して求めている。この図 6 から、貨物鉄道は、
年間配達回数が少ない配達先、配達間隔が長い配達先への輸送を担ってい
ることが分かる[16]。

　また、図 6 の①の領域、すなわち、年間配達回数が比較的多く配達配達
間隔の短い配達は、20 t 単位で輸送できるフェリー・RORO 船を介したト
ラック・シャーシ輸送（以降、単に「トラック・シャーシ輸送」と称す）

---

[16] 全国通運株式会社・河野敏幸氏らへのヒアリングによると、配達間隔を詰めてより
多くのコンテナをまとめて配達することも理論的には可能であるが、配達先との需要
調整、分配拠点の設置など流通システムの変更などが必要となる。

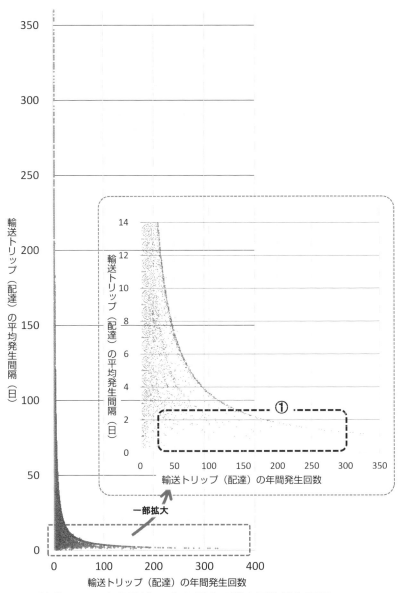

図６　輸送トリップ（配達）の年間発生回数と平均発生間隔

でなされている可能性が高い[17]。これに対し、前述した貨物鉄道輸送では5t〜10tという相対的に小さなロットで9割を超える配達がなされていること、配達発生間隔の長さなどから、小ロット・低頻度での配達を求める顧客のニーズ、配達先周辺の狭隘道路などによる接車制約などに、トラック・シャーシ輸送に比べ貨物鉄道輸送が適応していることが分かる。

　過去には1台のトレーラが20tの荷物を混載し、3〜4か所で取卸していたが、ドライバーの運転時間、拘束時間の制約から、現在では1か所ないし2か所が上限といわれている。そのため、巡回箇所の減少に伴って積載率の低下が想定される。また、複数個所を巡回することにより、荷主の希望しない時間に集荷・配達されることも起こりうる。

4）貨物駅・港湾までの道路輸送距離

　昨今、トラックドライバー不足や時間外労働の上限規制の運輸業への適用が話題となっているが、これらは貨物鉄道輸送やトラック・シャーシ輸送にも影響する。荷主と貨物駅や港湾との間の輸送にはトラックによる道路輸送が欠かせないためである。

　図7で、ホクレン農業協同組合連合会より提供を受けた農産品出荷データ（2017年9月）を用いて推計した「（あ）貨物駅までのコンテナの道路輸送距離」と「（い）フェリー・RORO船の発着港湾までの道路輸送距離」を比較する。道内の荷主から貨物駅までのコンテナ輸送（あ）の平均は32.3kmで、道外では約15.0kmであった。対して、トラック・シャーシ輸送に伴う道路輸送では、道内では平均184.8kmの道路輸送（い）が必要となる。地域別に（あ）と（い）を比較すると、関東では（あ）19.6kmと（い）66.3km、近畿では（あ）15.9kmと（い）140.3kmとなった。

---

[17] 北海道から全国各地に移出を行う荷主企業へのヒアリングによる。

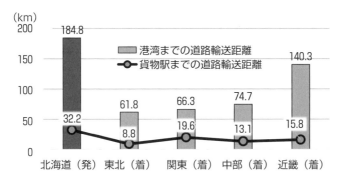

図7　貨物駅・港湾までの道路輸送距離の比較
出所：ホクレン農業協同組合連合会・農産品移出データ（2017
　　　年9月）より推計して作成。

　トラック・シャーシ輸送に伴う道路輸送距離は、貨物鉄道輸送に比較し
て、北海道内では約5.7倍、本州では3.4倍〜8.9倍に及ぶ。ドライバー
不足に『2024年問題』[18] によるドライバーの労働時間に関する制約が相乗
し、トラックによる道路輸送力の低下が懸念される状況において、北海
道・道外間の輸送力確保という観点から、道路輸送への依存度がより低い
貨物鉄道輸送は重要な輸送モードとなろう。

（3）青函ルートを取り巻く議論

1）青函共用走行問題に関する議論

　青函共用走行問題とは、新幹線と貨物列車が三線軌条により共用走行す
る青函共用走行区間（図8）における、新幹線と貨物列車のすれ違い時の
安全性に起因する問題である。

---

[18] 働き方改革関連法により、2024（令和6）年4月1日から「自動車運転業務におけ
る時間外労働時間」が上限960時間に罰則付きで制限される。これにより生ずる諸問
題を意味する。

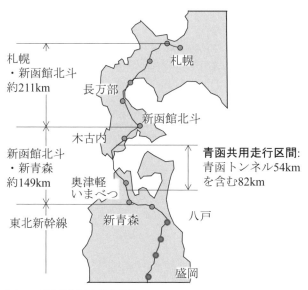

図8　青函共用走行区間

　現在、青函ルートにおいては、「青函共用走行区間」と「並行在来線
（函館・長万部間）」における貨物輸送の在り方に関する議論がなされてい
る。2013（平成25）年に青函共用走行区間技術検討WGにより「当面の
方針」が示された後、様々な方策が検討された。最近の報道等に基づく
と、「時間帯区分案」が昨今の主たる方策となっている。2020（令和2）
年の年末年始、2021（令和3）年のGW及びお盆期間には、貨物列車の走
行に影響が小さい期間に限って新幹線の高速走行が行われた。

　2020（令和2）年の年末年始での高速走行（210 km/h）を受けた報道に
よると[19, 20]、現在の「貨物列車の走行に影響が小さい期間に限っての新幹
線の高速走行」から、貨物列車の通常運転期における「1日の内の時間帯

[19] 鉄道ジャーナル 2021.4.
[20] 日刊工業新聞：北海道新幹線　きょう開業5年　需要喚起に挑む，2021.3.26, pp32.

を区切っての新幹線の高速走行」に展開される可能性が読み取れる。旅客・貨物双方が、互いの影響を最小限に抑え、輸送サービスの維持・向上をすべく、関係者間（国土交通省、JR東日本、JR北海道、JR貨物）での十分な調整が必要である。関係者間の調整においては、北海道側の運行ダイヤだけでなく、本州の運行ダイヤも含め調整されるが、「旅客輸送のニーズ」に偏らず、「貨物輸送のニーズ」も含め、双方から十分な議論がなされるべきである。

　貨物列車の価値・使命は発時間と着時間の組み合わせ、すなわち運行ダイヤグラムによって決まる。輸送需要に合わない列車運用は列車が走っていないこととほぼ同義であろう。「貨物輸送の真のニーズ」を熟知している利用運送事業者、発荷主・着荷主の知恵、参画が必要である。

2）並行在来線（函館～長万部間）における貨物鉄道輸送の在り方に関する議論

「全国新幹線鉄道整備法の一部を改正する法律案に対する附帯決議　衆議院運輸委員会（1997.4）」には、『整備新幹線の建設に伴う並行在来線の経営分離によって、将来JR貨物の輸送ネットワークが寸断されないよう、万全の措置を講ずること』とある。加えて、「全国新幹線鉄道整備法施行令の一部を改正する政令（2002.10）」により貨物調整金制度が創設され、2009（平成21）年及び2011（平成23）年には、並行在来線鉄道会社や沿線地方公共団体からの要望などにより貨物調整金の拡充がなされた[21]。このように、整備新幹線供用後の「貨物鉄道輸送ネットワーク」は国により堅持されてきたと言える。

　一方、「整備新幹線着工等について　政府・与党申合せ（1990.12）」に

---

[21] 大嶋満：貨物調整金制度の見直しに向けて，参議院常任委員会調査室・特別調査室，立法と調査　No.428，2020.10.

『建設着工する区間の並行在来線は、開業時に JR 旅客各社の経営から分離することを認可前に確認する』とあるように、並行在来線の運営を含めた地域交通の在り方については、沿線自治体（北海道においては道と沿線市町村）で議論されている。

　ここで、吉見（2020）[22] による『並行在来線分離の形態』を紹介する。しなの鉄道、あいの風とやま鉄道、IR いしかわ鉄道は「①旅客輸送型」に、IGR いわて銀河鉄道、青い森鉄道、肥薩おれんじ鉄道、道南いさりび鉄道等は「②貨物輸送中心型」に分類されている。その他、現在まで存在していないが「③貨物輸送専業型」と「④廃線」が定義されている。

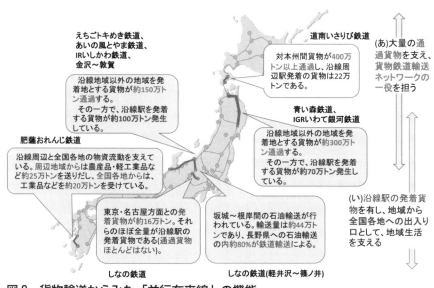

図9　貨物輸送からみた「並行在来線」の機能

　図9に日本貨物鉄道株式会社の輸送実績から、貨物輸送からみた並行在

[22] 吉見宏：函館本線「並行在来線」の行方，成美堂出版㈱，鉄道ジャーナル No.642，2020.4.

来線の機能を整理した。大別して、次の 2 つの機能がみられる。（あ）大量の通過貨物を支え、わが国の貨物鉄道ネットワークの一役を担う機能、（い）沿線駅の発着貨物を有し、地域から全国各地への出入口として地域を支える機能、である。しなの鉄道、肥薩おれんじ鉄道は主に（い）の機能、北陸 4 社、東北 2 社は（あ）（い）双方の機能を担っている。これに対し、通過貨物の多い「道南いさりび鉄道」は、特に（あ）の機能が強い。

　前述したように、北海道の各地域と全国各地の間を往来する貨物列車で輸送される貨物はほぼ全量、並行在来線（函館〜長万部間）を通過する。沿線駅の発着貨物が相対的に少ない点も含め、並行在来線（函館〜長万部間）は、正に、前述した「（あ）大量の通過貨物を支え、わが国の貨物鉄道輸送ネットワークの一役を担う機能」を果たす重要なリンクである。

　全国の貨物輸送ネットワークを寸断されないよう万全の措置を講ずるという観点から、そして、北海道内の各地地域と道外のモノの往来を健全に保ち、地域を守るという観点からも、初の「③貨物輸送専業型」となる可能性も含め検討すべきであろう。

3）青函ルートを取り巻く議論のまとめ

　現在、「青函共用走行区間」と「並行在来線（函館〜長万部間）」における貨物鉄道輸送の在り方については、①国による JR 貨物の輸送網を寸断させない万全の措置、②国土交通省、JR 東日本、JR 北海道、JR 貨物による青函共用走行の調整、③並行在来線沿線市町村等による地域公共交通についての協議、などが必要である。

　函館〜長万部間の貨物鉄道輸送のあり方については、2023 年 7 月 26 日に、国、北海道、JR 貨物、JR 北海道の 4 者の実務者レベルでの「論点整理の概要」が示された。貨物路線維持で 4 者が一致し、年内に有識者会議を立上げ 25 年度を目途に結論を出すこととなった[23]。

　青函ルートはわが国の幹線物流ネットワークの重要リンクであり、次節

以降で示すように、輸送できなくなった際の影響は全国各地に及ぶと共に、北海道の各地と道外のモノの往来を途絶させ、地域経済の脆弱化を招く可能性を含む。さらに、本項で示した議論は「整備新幹線の取扱いについて（政府・与党申合せ、2015.1）」の『4. 貨物調整金制度の見直し』、ひいては、全国各地の並行在来線の将来の姿にも大きな影響を与えるものである。

　以上を鑑みると、数年後に描かれる「青函ルートの姿」は、まさにわが国の幹線物流ネットワークの将来の行く末を投影するものとなろう。健全なネットワークを将来に引き継ぐために、①〜③を包括した議論を展開する「土俵と行司」が必要である。

（4）貨物鉄道輸送ができなくなった場合の影響

　本項では、貨物鉄道輸送による配達をフェリー・RORO 船を介したトラック・シャーシ輸送に転換した際のトラック輸送距離の変化を推計し、トラック輸送への依存度を考察する。具体的には、ホクレン農業協同組合連合会より提供を受けた農産品移出データ（2017 年 9 月、約 17,000 コンテナ分）に基づき、北海道の集荷元から本州方面の配達先に届けるまでに発生するトラック輸送費用と輸送距離を比較する。貨物鉄道輸送では、集荷元から道内貨物駅へのトラック輸送、本州方面の貨物駅から配達先へのトラック輸送が発生する。一方、トラック・シャーシ輸送では、集荷元から道内港湾へのトラック輸送、本州方面の港湾から配達先へのトラック輸送が発生する。

　まず、北海道の集荷先から本州の配達先までの輸送距離について、貨物

---

23 北海道新聞 2023 年 7 月 27 日朝刊一面、並びに朝日新聞デジタル：「JR 函館線、貨物線としての維持—有識者会議で 2025 年度に結論」2023/7/26
https://www.asahi.com/articles/ASR7V66V7R7VIIPE00B.html

鉄道で輸送した場合とトラック・シャーシで輸送した場合について推計し[24]、その変化を「増加倍率」として比較した。増加倍率は、北海道内については「集荷元・道内港湾間の輸送距離」を「集荷元・道内貨物駅間の輸送距離」で除した値とし、道外については「道外港湾・配達先間の輸送距離」を「道外貨物駅・配達先間の輸送距離」で除した値とした。

　図 10 に北海道内でのトラック輸送距離の増加倍率を市町村別に示し、図 11 に本州方面でのトラック輸送距離の増加倍率を都府県別に示す。全国各地に約 140 ある貨物駅を終点（または起点）とするトラック輸送から、フェリー・RORO 船就航港湾を終点（または起点）とするトラック輸送に代わることにより、北海道内、本州共に、走行距離の大幅な増長が見られた。

　次に、貨物鉄道に代わってフェリー・RORO 船を介したトラック・シャーシ輸送を行った場合について、北海道の集荷先から本州の配達先に届けるまでの総費用を求め「増加倍率」を推計した（図 12）。その結果、輸送実績のある全ての市町村において、費用の増加がみられた。

---

[24]（あ）使用データ：青果物の移出コンテナ流動データ（2017 年 9 月分）約 17,000 コンテナ分。全コンテナデータについて、次の（い）～（き）に従い、輸送費用、所要時間を算出。（い）輸送単位（一度に集荷・配達するコンテナ数）：輸送実績。（う）貨物鉄道輸送時の発着駅の選定：輸送実績。（え）フェリー・RORO 船利用時の使用航路の選定：本州側の道路輸送が最小となる航路を選択、ただし、船腹などのリンク容量は考慮しない。（お）使用車両など：13 m シャーシ（20 t）の無人航送とする。（か）所要時間算出に係る情報：発地・着地が所在する市役所・町村役場住所と貨物駅・港湾の住所から Google マップを使用して計測。（き）運賃算出に係る情報：①貨物鉄道輸送に係る運賃・道内・発送料＊、鉄道運賃＊、青函付加料金†、道外・到着料＊。②フェリー・RORO 船を介するトラック輸送に係る運賃、道内・道路輸送料‡、乗船料金（フェリー）†、フェリー・RORO 船シャーシ航送料金†、下船料金（フェリー）†、道外・道路輸送料‡。＊：「コンテナ営業ガイド（JR 貨物）」、†：ヒアリングによる、‡：H11 距離制タリフ。

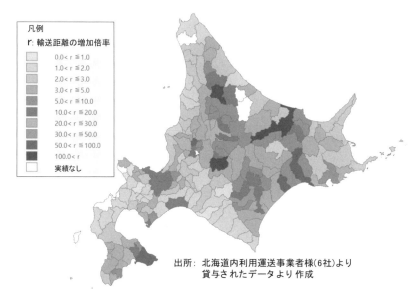

凡例
r: 輸送距離の増加倍率

	0.0< r ≦1.0
	1.0< r ≦2.0
	2.0< r ≦3.0
	3.0< r ≦5.0
	5.0< r ≦10.0
	10.0< r ≦20.0
	20.0< r ≦30.0
	30.0< r ≦50.0
	50.0< r ≦100.0
	100.0< r
	実績なし

出所：北海道内利用運送事業者様(6社)より
貸与されたデータより作成

図10　トラック輸送距離の変化（北海道内）

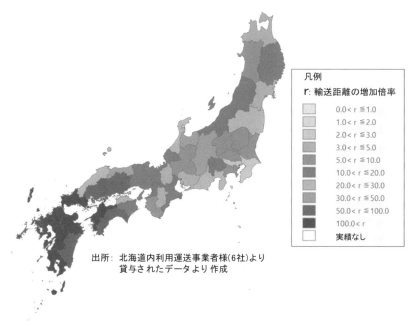

凡例
r: 輸送距離の増加倍率

	0.0< r ≦1.0
	1.0< r ≦2.0
	2.0< r ≦3.0
	3.0< r ≦5.0
	5.0< r ≦10.0
	10.0< r ≦20.0
	20.0< r ≦30.0
	30.0< r ≦50.0
	50.0< r ≦100.0
	100.0< r
	実績なし

出所：北海道内利用運送事業者様(6社)より
貸与されたデータより作成

図11　トラック輸送距離の変化（北海道外）

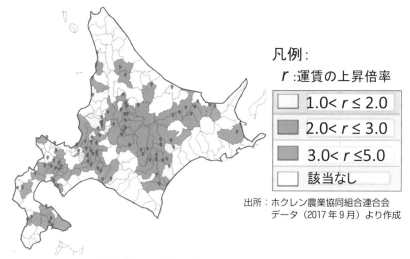

凡例：
r :運賃の上昇倍率

□	1.0< r ≤ 2.0
■	2.0< r ≤ 3.0
■	3.0< r ≤ 5.0
□	該当なし

出所：ホクレン農業協同組合連合会
データ（2017 年 9 月）より作成

図 12　トラック輸送費用の変化（北海道内）

（5）青函ルートの貨物鉄道輸送が全国経済に与える経済的影響の推計

　ここでは、並行在来線が廃止され、青函ルートを通る貨物鉄道輸送ができなくなった場合に想定される北海道及び全国各地への経済的影響について、仮説的抽出法を用いた産業連関分析により推計する。

　具体的には、青函ルートを通過する貨物鉄道輸送量（a）から、青函ルートで貨物が輸送できなくなった場合に想定されるフェリー輸送等の他モード・他ルートによる代替輸送可能量（b）を差し引いたものを、青函ルートでの輸送ができなくなった場合の輸送量減少分（a-b）と仮定し、これを金額換算した移出減少額を基に全国に及ぼす経済的影響を分析する。

1）分析の方法
①産業連関表
分析にあたっては、経済産業省「2005（平成 17）年地域間産業連関表」

と北海道開発局「2005（平成 17）年北海道内地域間産業連関表」を接続
した「2005（平成 17）年全国—北海道地域間産業連関表（8 部門表）」を
作成した。これにより、道内 6 地域・その他全国 8 地域の計 14 地域別
に、地域間・産業間取引を分析することができる。

②移出減少額の算定

　本項では移出減少額を、現在青函ルートを通過する貨物鉄道輸送量（a）
から代替輸送可能量（b）を差し引いた輸送量減少分（a-b）を金額換算し
て算出した。

　まず、青函ルートを通過している北海道・本州間の貨物鉄道輸送量（a）
を金額換算した。北海道内 6 地域とその他全国 8 地域との貨物流動におけ
る「貨物鉄道輸送の品目別分担率」を「各品目が関連する産業部門の移出
額において貨物鉄道輸送が担う割合」と仮定し、産業連関表における各地
域間の産業部門別移出額に乗じて算出した。

　次に、青函ルートで貨物の輸送ができなくなった場合に想定される代替
輸送可能量（b）については、北海道通運業連合会へのヒアリング結果か
ら、トラック・シャーシ輸送等への代替輸送可能率を移出・入、共に約 6
割とし[25]、各地域の移出減少額を推定した。

　なお、この割合は脚注 25 に記載の通り、2000（平成 12）年 3 月に発生
した有珠山噴火時の代替輸送実績に基づく値であるが、次の 3 点から実際
の代替輸送可能量はこの値をさらに下回ることが大いに想定される。

　☑ 昨今の運転手不足等が運転手確保と機材確保に与える影響は考慮し

---

[25]「北海道通運業連合会　北海道・本州間物流の調査・研究分科委員会」による有珠
山噴火時（2000.3）の輸送実績、JR 貨物輸送実績（平成 24～29 年度平均）などに基
づく試算値である。有珠山噴火時には長万部・室蘭間が不通となり、札幌タから長万
部・五稜郭駅へのトラック輸送、札幌タから五稜郭駅への迂回列車による輸送、道
内・外の鉄道網と苫小牧港・発着航路とを組合せた Sea & Rail 輸送など、総動員体制
で代替輸送がなされた。なお、試算値には、並行在来線（小樽・長万部間）の貨物鉄
道による迂回輸送は含めていない。

ていない。

☑ 前回の噴火は輸送閑散期の３月であり、出来秋の輸送繁忙期に発生した際にはドライバー確保はさらに困難になる。

☑ 全ての代替輸送に伴い大幅な運賃の上昇が見込まれる。

③生産減少額（影響額）の推計

仮説的抽出法による前方連関効果と後方連関効果の推計方法は、下記の手順で行った。

☑ 産業連関表から逆行列係数表（前方連関効果：Ghosh モデル、後方連関効果：Leontief モデルによる）を導出する。

☑ 推定した移出減少額を各産業部門の中間投入（中間需要）から減少させた逆行列係数表を作表する（これにより、当該輸送量が失われた場合の経済構造を仮説的に表現する）。

☑ 前方連関効果：産業連関表の付加価値額を上述の Ghosh モデルにそれぞれ乗じ、その差を生産減少額とする。

☑ 後方連関効果：産業連関表の最終需要額を上述の Leontief モデルにそれぞれ乗じ、その差を生産減少額とする。

2) 経済的影響額の推計結果

青函ルートで貨物を輸送できなくなり、他モードにおける代替輸送が前述の代替輸送可能率に留まり輸送力が低下した場合、北海道では移出4,128 億円、移入 4,665 億円が減少し、それによる生産減少額は、後方連関効果 3,282 億円、前方連関効果 2,700 億円にのぼると推計された（表3、図13）。

全国的には、後方連関効果 1 兆 796 億円、前方連関効果 1 兆 2,507 億円となり、なかでも関東圏は後方連関効果 3,201 億円、前方連関効果 4,217 億円と、北海道を超える経済的影響を被ることとなる。これらは正に、青函ルートの輸送力が北海道のみならず全国経済に大きな影響を与えること

表3 青函ルートの輸送力低下による経済的影響額　　　　　　　（単位：億円）

地域		移出減少額		後方連関効果		前方連関効果	
		金額	構成比	金額	構成比	金額	構成比
北海道（計）		4,128	51.2%	3,282	32.2%	2,700	23.0%
	道央	812	8.5%	1,066	9.9%	784	6.2%
	道南	328	3.4%	247	2.2%	293	2.2%
	道北	892	9.3%	531	4.7%	535	4.1%
	オホーツク	943	9.9%	538	5.0%	446	3.5%
	十勝	671	7.0%	521	4.7%	375	3.0%
	釧路・根室	482	13.1%	379	5.7%	268	4.1%
東北		476	5.0%	664	6.1%	716	5.6%
関東		1,650	17.2%	3,201	29.1%	4,217	33.5%
中部		818	8.6%	1,199	10.8%	1,579	12.4%
近畿		804	8.4%	1,131	10.1%	1,585	12.4%
中国		449	4.7%	647	5.8%	694	5.3%
四国		149	1.6%	198	1.8%	229	1.8%
九州		319	3.3%	465	4.2%	751	5.8%
沖縄		0	0.0%	10	0.1%	35	0.3%
合計		8,793	100.0%	10,796	100.0%	12,507	100.0%

の証左である。また、並行在来線の沿線地域である道南での影響が最も小さいのに対し、並行在来線の沿線外の地域、すなわち、本州からみて、より奥地に位置する道北、オホーツク、十勝、釧路・根室での影響が大きいことが特徴的である。これは、地域公共交通の観点から並行在来線の存続を議論する地域と並行在来線を通過する貨物列車を失った際の影響が大きい地域が異なることを示していると言えよう。

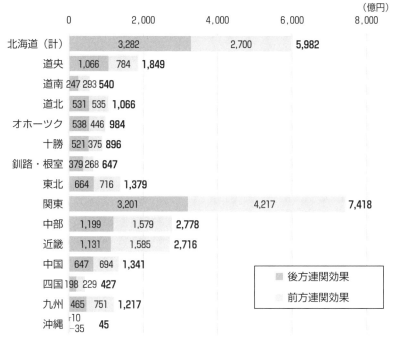

図13　青函ルートの輸送力低下による経済的影響額

4．本章のまとめ

　本章では、産業連関分析においてベーシックな後方連関効果に加え、前方連関効果の観点から「北海道における農業被害の間接的被害の推計」を試みるために、2016年北海道豪雨災害を例に農業部門の影響額を分析した。分析の結果、仮説的抽出法を用いると、後方連関効果よりも前方連関効果で大きな経済的インパクトがあることが確認された。全国への原材料供給基地という北海道農業の位置付けを踏まえると、前方連関効果を推計することで改めてその貢献度が浮き彫りとなった。

　また、「北海道における貨物鉄道輸送網の維持に関する分析」では、青函共用走行区間および並行在来線（函館〜長万部間）の貨物鉄道輸送を巡

る議論を整理した上で、仮に青函ルートを通る貨物鉄道輸送ができなく
なった場合の経済的影響の大きさなどを考察した。

　青函ルートは北海道と道外を結ぶ重要な貨物鉄道の大動脈であると共
に、そのネットワークが変化することは、北海道のみならず全国経済に影
響を及ぼす。そのため、「青函ルートの貨物輸送の在り方」に関する今後
の展開にあたっては、「全国各地の並行在来線の在り方」、「わが国の幹線
物流ネットワークの将来の在り方」を踏まえた上で、国によるJR貨物の
輸送ネットワークを寸断させない万全の措置、北海道による関係者と連携
した対応、貨物輸送のニーズを熟知する利用運送事業者を含めた十分な連
携が必要である。

　さらには、地域公共交通の観点から並行在来線の存続を議論する地域と
並行在来線を通過する貨物列車を失った際の経済的影響が大きい地域が異
なるケースは、過去に類を見ない。当該区間における貨物輸送についての
議論では、この点を十分留意すべきである。

　青函ルートで貨物を輸送できなくなり、他モードにおける代替輸送が前
述の代替輸送可能率に留まった場合、全国への影響額は、後方連関効果1
兆796億円、前方連関効果1兆2,507億円と推計された。これらは正に、
青函ルートの輸送力が北海道のみならず全国経済に大きな影響を与えるこ
との証左であろう。また、過去の同様の分析においては、貨物の発地域の
産業がどのような経済的影響を受けるか（後方連関効果）といった分析が
なされてきた[26]。本節では、経済的影響は貨物の発地域に留まらないとの
前提に立ち、貨物の着地域にも広く及ぶ影響を前方連関効果として推計し
たことにより、その影響の広がりが定量的に明らかとなった。

---

[26] 同様の分析事例として、北海道発の貨物鉄道輸送をすべて海上輸送に転換した場合
の道内産業の経済損失額を1,492億円と推計したJR貨物・みずほ総研の試算がある。
北海道新聞：青函貨物廃止で道内1,492億円損失　みずほ総研試算，2020.5.31.

参考文献

［１］ 平出渉『地域経済への空間的影響を考慮した政策評価に関する研究—前
　　　方連関効果アプローチによる分析評価手法の構築と実証—』北海商科大
　　　学・博士学位論文，2023.3.

［２］ 平出渉，阿部秀明「アグリビジネスに着目した連関分析」，阿部秀明編
　　　『地域経済におけるサプライチェーン強靭化の課題—地域産業連関分析に
　　　よるアプローチ—』第 1 章所収，共同文化社，2022.5.

［３］ 平出渉，相浦宣徳，阿部秀明「農業部門の供給制約が及ぼすインパク
　　　ト～仮説的抽出法によるアプローチ～」，フロンティア農業経済研究第
　　　25 巻第 1・2 号，北海道農業経済学会，2022.

［４］ Schultz,S.,"Approaches to identifying key sectors empirically by means of
　　　input-output analysis," The Journal of Development Studies, 14(1), pp77-
　　　96, 1977.

［５］ Miller,R. & Blair,P. "Supply-Side Models, Linkages, and Important
　　　Coefficients. In Input-Output Analysis", Foundations and Extensions,
　　　pp.543-592, Cambridge University Press, 2009.

［６］ 岡田有祐，奥田隆明，林良嗣，加藤博和「前方連関効果を考慮した広域
　　　巨大災害の産業への影響評価」，土木計画学研究講演集 45，2012.6.

［７］ 株田文博「産業連関分析による食料供給制約リスクの分析—ボトルネッ
　　　ク効果を組み込んだ Ghosh 型モデルによる前方連関効果計測—」，農林
　　　水産政策研究第 23 号，農林水産政策研究所，pp1-21，2014.12.

［８］ 北海道総務部危機対策局危機対策課「平成 27 年 10 月 7 日（水）からの
　　　台風 23 号による被害状況等（第 5 報／最終報）」，2015.10.13.
　　　https://www.pref.hokkaido.lg.jp/fs/2/3/3/2/8/6/4/_/27.10.7taihuu23gou_5.
　　　pdf（2022.10.18 閲覧）

［９］ 平出渉，相浦宣徳「北海道新幹線並行在来線と青函共用走行区間におけ
　　　る貨物鉄道輸送に関する一考察～議論の整理と仮説的抽出法アプローチ
　　　による影響分析～」，日本物流学会誌第 30 号，日本物流学会，pp219-
　　　226，2022.6.

［10］ 北海道総合政策部交通政策局交通企画課「函館線（函館・小樽間）につ
　　　いて（北海道新幹線並行在来線対策協議会）」，https://www.pref.
　　　hokkaido.lg.jp/ss/stk/heizai.html（2022.11.28 閲覧）

［11］ 相浦宣徳，冨田義昭『激変する農産物輸送　HAJA ブックレットグロー
　　　バリゼーションと北海道』，北海道農業ジャーナリストの会，2019.7.

[12] 『鉄道ジャーナル』㈱鉄道ジャーナル社，2021.4.

[13] 日刊工業新聞「北海道新幹線　きょう開業 5 年　需要喚起に挑む」，2021.3.26, pp32.

[14] 大嶋満「貨物調整金制度の見直しに向けて」，参議院常任委員会調査室・特別調査室，立法と調査　No.428，2020.10.

[15] 吉見宏「函館本線「並行在来線」の行方」，成美堂出版㈱，鉄道ジャーナル　No.642，2020.4.

[16] 北海道総合政策部交通政策局交通企画課「函館線（函館・小樽間）について（北海道新幹線並行在来線対策協議会）」，https://www.pref.hokkaido.lg.jp/ss/stk/heizai.html（2022.11.28 閲覧）

第3章

地域空間を考慮した地域間産業連関表の構築と妥当性の検証[1]

1. はじめに

　本章では、地域空間を考慮した地域間産業連関表の構築に向けた方法論の整理と実証分析の際の作成方法について検討する。具体的には、様々な地域における政策評価に活用するため、既存の産業連関表を用いた接続表及び「完全分離法」による多地域間産業連関表を作成する方法論の検討とともに、既存の産業連関表と比較した推計結果の妥当性の検証や応用可能性について考察を加える。

（1）産業連関表の現状と課題

　地域経済を構成する産業部門は、域内・域外の産業部門と相互に密接な取引関係を結びながら生産活動を行い、必要な財・サービスの供給を行っている。例えば、ある一つの産業部門に需要が生じると、その需要に対応するため、当該産業部門は他の産業部門から原材料や燃料等の財・サービスを購入し、それを加工（労働・資本等の投入）して新たな財・サービスを生産する。そして、その財・サービスをさらに別の産業部門における生

---

[1] 本章は、平出渉の博士学位論文『地域経済への空間的影響を考慮した政策評価に関する研究―前方連関効果アプローチによる分析評価手法の構築と実証―』第4章の一部に加筆修正を加えたものである。詳細は、文献［1］を参照されたい。

産の原材料等として、あるいは家計等の最終需要部門に対して販売（産出）する。また、生産活動が行われた結果として生じる付加価値の一部は、雇用者所得として配分され、消費へと転換される。これにより新たな需要が発生し、各産業部門の生産増加のみならず、生産増に向けた投資拡大（投資需要の創出）へと結び付く。

　こうした財・サービスの生産状況や、産業部門相互間及び産業部門と最終需要部門との間の取引状況を、一定期間（通常1年間）を対象として一つの行列（マトリックス）にまとめた統計表が産業連関表である。以下では、産業連関表の沿革と我が国における産業連関表の作成状況について概説する。

1）産業連関表の沿革

　産業連関表は、ソビエト連邦出身でアメリカの経済学者であるワシリー・レオンチェフ（Wassily Leontief）が開発した一般均衡理論に基づく投入産出表である。レオンチェフによる最初の産業連関表は1936年に公表され、その後、アメリカ労働統計局の援助によって1919年、1929年、1939年のアメリカ経済を対象とした産業連関表が作成された。

　産業連関表を用いた分析は第二次世界大戦後のアメリカ経済の構造分析と予測に用いられ、その予測結果はそれまでの他の分析方法と比較して非常に精度が高かったことから、広く世界で用いられるようになった。レオンチェフはこれらの功績により、1973年に「投入産出分析の発展と、重要な経済問題に対する投入産出分析の応用」によりノーベル経済学賞を受賞している。

2）我が国・北海道における産業連関表作成状況

　国内における国レベルの産業連関表は、経済審議庁（現・内閣府）、通商産業省（現・経済産業省）がそれぞれ独自に試算表として作成した、昭

和26年を対象年次とするものが最初である。その後、昭和30年を対象年次とするもの以降、概ね5年ごとに、関係府省庁の共同事業として作成されるようになっている。また、多様な分析に対応できるよう、基本表をベースとした様々な産業連関表が作成されている。

　産業連関表は、国や都道府県単位など1つの特定地域を対象とする「地域内産業連関表（以下、「地域内表」という。）」が主であるが、全国を9ブロック[2]に分けて地域間取引を記述した「地域間産業連関表（以下、「地域間表」という。）」が1960（昭和35）年に作成されて以降、経済産業省により作成・公表されてきた。しかしながら、地域間表の作成には膨大なデータの整理や専門ノウハウを持つ人員の確保、また地域間取引量（移出入）の推定のため独自の調査（商品流通調査）を行う必要があることなどの理由から、国レベルの地域間表は2005（平成17）年表を最後に作成されていない。国を対象とした主な産業連関表を表1に示す。

　一方、都道府県レベルにおいては、国の産業連関表をベースとして各都道府県が地域産業連関表を作成しており、平成2年からはすべての都道府県で作成されている。

　北海道を対象とした産業連関表は、北海道や国土交通省北海道開発局など5機関が共同で「北海道産業連関表（以下、「北海道内表」という。）」を作成しており、現時点で2015（平成27）年表が公表されている。また、地域間表については、北海道内を6ブロック[3]に分けた「北海道内地域間産業連関表（以下、「道内地域間表」という。）」が北海道開発局から公表されており、こちらは北海道内表の作成から概ね5年遅れで公表されるため、現時点での最新表は2011（平成23）年表となっている。

---

[2] 1960（昭和35）年表は北海道、東北、関東、東海、北陸、近畿、中国、四国、九州の9ブロック、その後沖縄県の国土復帰や地域統合を経て、2005（平成17）年表では北海道、東北、関東、中部、近畿、中国、四国、九州、沖縄の9ブロックである。
[3] 道央、道北、道南、オホーツク、十勝、釧路・根室の6ブロックである。

表1　国で作成している主な産業連関表

表名	作成機関	作成年	概要
産業連関表 (全国表)	内閣府、経済産業省など10府省庁	昭和30年表以降、概ね5年毎	我が国において最も基本となる全国ベースの産業連関表で、現在10府省庁が共同で作成にあたっている。
地域内産業連関表	経済産業省、各都道府県など	昭和35年表以降、概ね5年毎	地域別の産業構造を表した産業連関表で、全国9地域表が作成されている（北海道、東北、関東、中部、近畿、中国、四国、九州、沖縄）。
地域間産業連関表	経済産業省	昭和35年表以降、概ね5年毎（平成17年以降休止）	当該地域だけでなく地域相互間の財・サービスの取引関係を表したもの。
延長産業連関表	経済産業省	昭和48年表以降、毎年（平成12年〜15年は休止）	刻々と変化する経済構造に即した分析に利用する産業連関表で、5年毎の産業連関表（基本表）の中間年次を補う役割を果たしている。
簡易延長産業連関表	経済産業省	平成12年表以降、毎年	延長産業連関表の速報として位置づけられており、延長産業連関表よりも部門数が粗いものの、1年早く公表される。
接続産業連関表	経済産業省	随時	時系列比較を行うため、過去の産業連関表について、最新年次の産業連関表の部門分類や概念・定義・範囲に合わせて改めて再推計を行ったもの。
建設部門分析用産業連関表	国土交通省	昭和35年表以降、概ね5年毎	建設投資や公共投資の経済効果分析、建設業の構造分析等のため、全国表をベースに、建設部門をさらに細分化して作成し、他の部門を組み替えたもの。
環境分野分析用産業連関表	環境省	平成23年表	我が国の経済及び環境問題の相互関係に関する構造を把握するとともに、間接的な波及効果も含めた経済・環境分析を行うもの。
国際産業連関表	経済産業省	随時	日本及び相手国の産業連関表を利用し、日本及び相手国の産業部門分類の概念・定義をもとに作成した二国間もしくは多国間共通部門分類により非競争輸入型表にしてとりまとめたもの。

　これらの全道表をベースとして、自治体など特定地域とした小地域産業連関表[4]など、分析対象や目的に応じた様々な産業連関表が作成され、産業構造分析や経済波及効果分析などに利用されている。また市町村レベル

---

[4] 産業連関表の基本的構造や小地域産業連関表の作成については、本章でも紹介するが、具体的な実証分析の適用事例については、文献［2］を参照されたい。

では、政令指定都市である札幌市において 1980（昭和 55）年以降、5 年毎に産業連関表を作成しているほか、旭川市、釧路市、小樽市、恵庭市、ニセコ観光圏（倶知安町、ニセコ町、蘭越町）等で産業連関表の作成実績がある。北海道を対象とした主な産業連関表を表 2 に示す。

表 2　北海道で作成している主な産業連関表

表名	作成機関	作成年
北海道産業連関表	国土交通省北海道開発局、北海道など 5 機関	昭和 30 年表以降、5 年毎
北海道地域産業連関表	経済産業省北海道経済産業局	昭和 35 年表以降、5 年毎（平成 17 年以降休止）
延長北海道産業連関表	国土交通省北海道開発局	昭和 30 年表以降、5 年毎
北海道内地域間産業連関表	国土交通省北海道開発局	昭和 30 年表以降、5 年毎
道内支庁別産業連関表	北海道	平成 7 年表、10 年表
釧路・根室地域産業連関表	国土交通省北海道開発局	平成 7 年表
札幌市産業連関表	札幌市	昭和 55 年表以降、5 年毎
旭川市産業連関表	旭川市	昭和 55 年表、昭和 60 年表、平成 7 年表
釧路市産業連関表	釧路市	昭和 45 年表以降、5 年毎
小樽市産業連関表	小樽市	昭和 60 年表、平成 27 年表
恵庭市産業連関表	恵庭市	平成 17 年表
十勝産業連関表	帯広畜産大学・帯広信用金庫	平成 7 年表、12 年表
ニセコ観光圏産業連関表	ニセコ観光圏プラットフォーム（倶知安町、ニセコ町、蘭越町）	平成 23 年表

3) 産業連関表の利用

産業連関表は、各産業部門において一定期間（通常 1 年間）に行われたすべての財・サービスの生産及び販売の実態を表したものであり、生産・所得といった国民経済計算等では対象とならない中間生産物についても、産業部門別にその生産及び取引実態が把握できることが大きな特徴であ

る。こうした産業連関表をこのまま読み取るだけでも、対象年次の産業構造や産業部門間の相互依存関係など地域経済の構造を総体的に把握・分析することができる。また、産業連関表の各種係数を用いて産業連関分析を行うことにより、行政施策による経済効果のシミュレーションや将来の経済構造の全体像を推定するといった予測分析等が可能となる。主な利用方法では、次の①〜④の分析が一般的である。

①経済構造の分析

産業連関表には、各財・サービスの域内生産額、需要先別販売額（中間需要、消費、投資、移輸出等）及び費用構成（中間投入、労働費用（雇用者所得）、減価償却費（資本減耗引当）等）が、産業部門別に詳細に掲載されている。

これらのデータを用いることにより、例えば産業別投入構造や雇用者所得比率、各最終需要項目の商品構成や商品別の移輸出入率など、経済構造の特徴を読み取ることができる。

②経済機能の分析

産業連関表から得られる投入係数、逆行列係数などの係数を用いて、対象年次における最終需要と生産との関係、最終需要と粗付加価値との関係、最終需要と移輸入との関係等を最終需要項目別に明らかにすることができる。

③経済の予測

産業連関表から得られる投入係数、逆行列係数などの係数を用いて、投資や移輸出の増加などによる最終需要の変化が各財・サービスの生産や移輸入にどのような影響を及ぼすかを明らかにすることができる。これは、経済に関する各種計画や見通しの作成の際に広く用いられる方法である。

④経済政策の効果分析

経済の予測と同様に、最終需要と各財・サービスの生産水準等との関係を利用して、特定の経済政策が各産業部門にどのような影響をもたらすか

を分析することができる。例えば、財政支出や減税実施の波及効果の分析、公共投資や観光客誘致による経済効果などの分析などが該当する。

4）産業連関表の基本構造[5]

産業連関表の全体的な構成を図１に示す。産業連関表では、タテ方向の計数の並びを「列」（column）という。列にはその部門の財・サービスの生産にあたって用いられた原材料、燃料、労働力などへの支払いの内訳（費用構成）が示されており、この支払いを産業連関表では「投入」（input）と呼ぶ。

一方、ヨコ方向の計数の並びを「行」（row）という。行にはその部門の財・サービスがどの需要部門でどれだけ用いられたのかという販売先の内訳（販路構成）が示されており、この販売を「産出」（output）と呼ぶ。

このように、産業連関表は各産業部門における財・サービスの投入・産出の構成を示していることから、「投入産出表」（I-O 表：Input-Output Table）とも呼ばれている。

産業連関表では、最終需要部門及び粗付加価値部門を「外生部門」（Exogenous Sector）というのに対し、中間需要部門及び中間投入部門を「内生部門」（Endogenous Sector）という。これは、外生部門の数値が他の部門とは関係なく独立的に決定されるのに対して、内生部門間の取引は、外生部門の大小によって受動的に決定されるというメカニズムの存在が前提にあるからである。

---

[5]「産業連関表」で総称される統計表の中にはさまざまなものが含まれるが、「取引基本表」がそれらの基礎となる最も重要な統計表であり、それ以外の統計表は、基本的に取引基本表の数値から派生的に求められる。そのため、単に「産業連関表」と呼ぶときは、通常、取引基本表のことを指す。

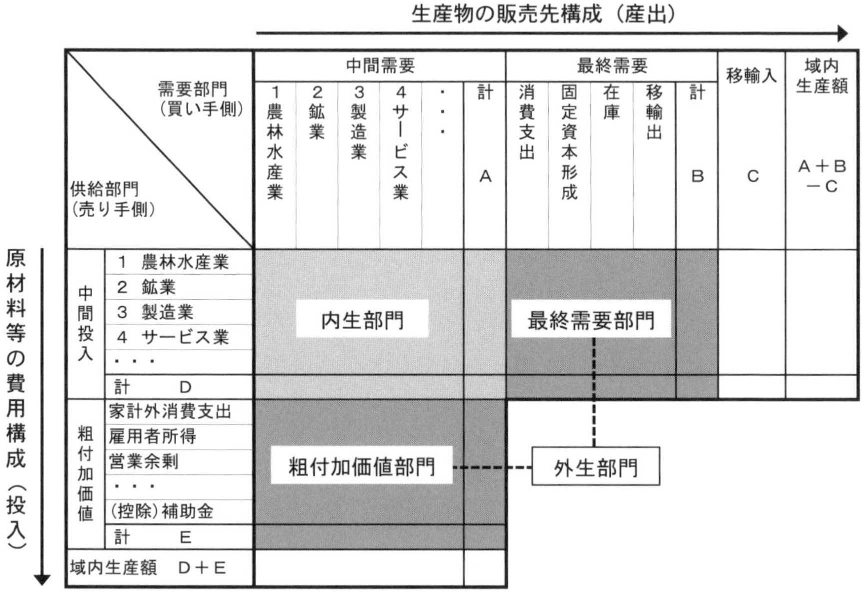

図1　産業連関表（取引基本表）の構造

5) 産業連関表の構成

産業連関表は、主に次の①〜③の３つの表により構成されている。

①取引基本表

取引基本表とは、産業部門間及び産業部門と最終需要部門間で取引された財・サービスを金額で表示したものであり、一般的に産業連関表というとき、この取引基本表を指している。

②投入係数表（Input Coefficient Table）

投入係数とは、取引基本表の中間需要の各列（タテ）ごとに、中間投入額を当該産業部門の生産額で除した係数である。つまり、ある産業において１単位の生産を行う際に必要となる原材料等の費用構成比を示したものであり、それを産業部門別に一覧表にしたものが投入係数表である。

③逆行列係数表（Inverse Matrix Coefficient Table）

逆行列係数とは、ある産業に対して 1 単位の最終需要が発生した場合、各産業部門の生産が最終的にどれだけ必要になるか、すなわち、直接的・間接的な波及効果の大きさを示す係数であり、数学上の逆行列を求める方法で算出することからこのように呼ばれる。

逆行列係数表のタテの合計を「列和」といい、当該産業部門に対して 1 単位の最終需要が発生した場合の、全産業部門への波及の大きさを示している。

同じく、ヨコの合計を「行和」といい、他の産業部門に 1 単位ずつ最終需要が発生した場合の、当該産業部門への波及の大きさを示している。

6）産業連関分析の留意点

産業連関分析は応用範囲が広く、多くの実用的利点があることから、経済分析を行う上で広く活用されているが、次のような①基本仮定や②分析上の前提条件があることに注意しなければならない。

①基本的仮定

- ☑ すべての生産は最終需要を満たすために行われ、生産を行う上での制約条件（ボトルネック）は一切ない。そのため、例えば生産能力の限界によって生産が停止するといった事態は発生しない。

- ☑ 生産波及は途中段階で中断することなく最後まで波及する。つまり、追加需要の増加にはすべて生産増で対応し、在庫取り崩し等による波及の中断はない。

- ☑ 各商品と各産業部門とは 1 対 1 の関係にあり、1 つの生産物（商品）はただ 1 つの産業部門から供給される。したがって、複数の産業部門が 1 つの生産物を供給したり、1 つの産業部門が複数の生産物を供給することはない。

- ☑ 商品の生産に必要な投入構造は生産物（商品）ごとに固有であり、

かつ、短期的には変化せず一定である。したがって、生産技術の変化や財・サービスの価格変化等に伴う投入構造の変化はない。

☑ 各産業部門が使用する投入量はその部門の生産水準に比例する。そのため、大量生産によってコストが減少する規模の経済は成立せず、生産水準が2倍になれば原材料等の投入量も2倍になる。

☑ 各産業部門が生産活動を個別に行った効果の和は、それらの産業部門が生産活動を同時に行ったときの総効果に等しい。すなわち、産業部門間の相互干渉はなく、ある産業の生産活動が他産業の生産活動に影響を及ぼす外部経済や外部不経済は存在しない。

☑ 波及効果の達成される期間は不明である。

②分析上の前提条件

☑ 分析結果は産業連関表の作成対象年の産業構造を前提としている。そのため、分析対象時点の産業構造と完全に一致するものではない。

☑ 推計方法や分析に用いる各種係数の設定によって、分析結果は異なる。

7) 産業連関表をめぐる課題

地域間・産業間サプライチェーンを分析する上で地域間表の活用は必須であるが、全国地域間表は2005（平成17）年表を最後に作成されていない。その理由について、新井（2016）[6] では、統計部署の人員削減によりノウハウを有する人材確保が困難になったことや、長期にわたる統計調査が縮小（調査回数の縮小や規模の縮小）または廃止傾向にあることを挙げている。実際、経済産業省は2000（平成12）年地域間表の作成を取りやめたが（各経済産業局における地域表の作成は実施された）、経済産業省

---

[6] 新井園枝「経済産業省の地域産業連関表の作成について」，産業連関23巻1-2号，環太平洋産業連関分析学会，pp18-29，2016.1.

内有志により作成された地域間表が、試算表として公表されている。

　そのため、地域間の産業連関分析を行う上では、2005（平成 17）年全国地域間表が最新表であるという状況が長らく続いている。しかし、今から 20 年近く前の国内経済を前提とする分析結果が現状を的確に示すのかという、年次ギャップの課題は払拭できない。加えて、地域間産業連関表は対象となっている地域について、それぞれの地域内及び複数地域間の産業間取引を表象したものであり、産業連関表の地域とは別の地域で分析を行いたい場合は必ずしも当該地域の経済特性を反映していない結果となることは、地域間産業連関表を用いた分析の限界といえよう。また、2005（平成 17）年全国地域間表は全国 9 ブロックを対象としたものであり、その中の 1 ブロックである北海道はそのまま都道府県単位の北海道とみることができるとしても、広大な北海道において、札幌市を中心に製造業をはじめとした産業や人口が集積する道央地域や、産業規模は小さくとも耕種農業など第 1 次産業の特化係数[7] が大きいオホーツク地域などの地方部を同一に分析することの課題も存在している。

　すなわち、現在の地域間産業連関表には、(i) 産業連関表の作成年次と分析年次との年次ギャップの課題、(ii) 対象地域の課題の 2 点が存在している。これらの課題に対応する方法として、(i) については「完全分離法」、(ii) については「完全分離法」もしくは「接続表」による多地域間産業連関表の作成が考えられる。次節以降、これらの手法による多地域間産業連関表の作成方法を整理するとともに、「完全分離法」により作成した多地域間産業連関表について既存の産業連関表と比較した推計結果の妥当性や応用可能性について考察する。

---

[7] 特化係数とは、地域 r における産業 i の構成比÷全国における産業 i の構成比で示し、値が 1 より大きければ全国よりも地域 r において産業 i のシェアが高い（特化している）と言う。

2．地域間産業連関表の作成方法に関する検討

（1）地域分割による地域間産業連関表の作成

　ここでは、前節で整理した地域間産業連関表の対象地域の課題に対する一つの解決方法を提示する。具体的には、経済産業省「2005（平成17）年地域間産業連関表」（以下、「2005年全国地域間表」と言う。）の北海道ブロックを、北海道開発局「2005（平成17）年北海道内地域間産業連関表」（以下、「2005年北海道内地域間表」と言う。）を用いて道内6圏域に分割した14地域間産業連関表を作成する方法を提示する。以下に①〜⑤の作成手順を紹介する。

①産業部門の統合

　経済産業省による2005年全国地域間表は、全国9ブロック（北海道、東北、関東、中部、近畿、中国、四国、九州、沖縄）で作成されている。このうち北海道ブロックを2005年北海道内地域間表で作成されている道内6ブロック（道央、道南、道北、オホーツク、十勝、釧路・根室）で分割推計する。

　まず、全国表と北海道表の各々2表の部門統合を行う。2005年全国地域間表では12部門、29部門、53部門が、2005年北海道内地域間表では3部門、13部門、33部門、65部門がそれぞれ公表されている。ここでは、貨物地域流動調査品目との対応も考慮し、表3に示す8部門で14地域間産業連関表を作成することとした。

②産業部門別域内生産額、中間需要額、最終需要額の分割推計

　2005年北海道内地域間表では、6ブロック別の域内生産額が表示されているが、その合計値は2005年全国地域間表における北海道の域内生産額と一致しない。そのため、2005年北海道内地域間表における道内各ブロック・産業部門別域内生産額シェアを算出し、それを2005年全国地域

表 3　産業部門統合（8 部門）

平成 17 年全国地域間 産業連関表 （29 部門表）		平成 17 年北海道内地域間 産業連関表 （33 部門表）		統合 8 部門表	
1	農林水産業	1	耕種農業	1	農林水産業
		2	畜産		
		3	林業		
		4	漁業		
2	鉱業	5	鉱業	2	鉱業
3	飲食料品	6	と畜・肉・酪農品	3	飲食料品
		7	水産食料品		
		8	その他の食料品		
4	繊維製品	9	繊維	4	紙パルプ・繊維
5	製材・木製品・家具	10	製材・家具	5	製材・木製品・家具
6	パルプ・紙・板紙・加工紙	11	パルプ・紙	4	紙パルプ・繊維
7	化学製品	13	化学製品	6	化学製品
8	石油・石炭製品	14	石油・石炭製品		
10	窯業・土石製品	16	窯業・土石製品		
11	鉄鋼製品	17	銑鉄・粗鋼	7	金属機械
		18	鉄鋼一次製品		
12	非鉄金属製品	19	非鉄金属一次製品		
13	金属製品	20	金属製品		
14	一般機械	21	機械		
15	電気機械				
16	輸送機械				
17	精密機械				
9	プラスチック製品	22	その他の製造品		
18	その他の製造工業製品	12	印刷・製版・製本		
		15	皮革・ゴム		
19	建設	23	建築・土木	8	その他
20	公益事業	24	電力・ガス・水道		
21	商業	25	商業		
22	金融・保険・不動産	26	金融・保険・不動産		
23	運輸	27	運輸		
24	情報通信	28	情報通信		
25	公務・教育・研究	29	公務		
		30	公共サービス		
26	医療・保健・社会保障・介護	31	サービス業		
27	対事業所サービス				
28	対個人サービス				
29	その他	32	事務用品		
		33	分類不明		

間表における北海道の域内生産額に乗じて推計した。

　同様に、中間需要額、最終需要額（家計外消費支出（列）、民間消費支出、政府消費支出、地域内総固定資本形成（公的）、地域内総固定資本形成（民間）、在庫純増）についても、道内各ブロック・産業部門別に推計した。

③産業部門別中間投入額、付加価値額の分割推計

　上記の②は横方向（表では右）の計算であるが、③は縦方向（表では下）の計算を行う。2005 年北海道内地域間表における道内各ブロック・産業部門別付加価値率を算出し、それを 2005 年全国地域間表における北海道の域内生産額に乗じて中間投入額及び付加価値額（家計外消費支出（行）、雇用者所得、営業余剰、資本減耗引当、間接税（除関税）、（控除）補助金）を求めた。

④移輸出・移輸入額の推計

☑ まず、2005 年北海道内地域間表の域内需要合計から、自地域の域内需要を差し引き、道内各ブロック・産業部門別の道内移出額を推定する（例：道央の域内需要合計－道央の域内需要計＝道央からの道内移出）。

☑ 次に、道内各ブロック・産業部門別の道外移出額を推計するが、2005 年北海道内地域間表では「輸出及び道外移出」として統合されているため、この合計値をまず分割する必要がある。そこで、2005年全国地域間表における北海道の産業部門別移出額（＝域内需要合計－北海道の域内需要計）及び輸出額の割合を算出し、この割合を2005 年北海道内地域間表の「輸出及び道外移出」の合計額に乗じることにより「輸出」と「道外移出」に分割した。これにより、道内6 ブロックの輸出額が確定する。

☑ 次に、移出係数表を作成する。まず、2005 年北海道内地域間表には地域内表も併せて公表されており、そこには仕向地域別の移出額も

表示されているため、道内 6 ブロック×道内 6 ブロックの移出額表が作成できる。次いで、2005 年全国地域間表における北海道の対全国 8 ブロックへの移出率を算定し、これを上述で算定した道外移出額に乗じることにより、道内 6 ブロック×全国 8 ブロックの移出額を算定し、これを割合で表示した移出係数表を作成する[8]。

☑ さらに、上述の手順と同じく、2005 年北海道内地域間表の「輸入及び道外移入」を「輸入」と「道外移入」に分割した。これにより、道内 6 ブロックへの輸入額が確定する。

各地域からの移出額は、地域間産業連関表においては各地域における域内需要計の欄に表示される。例えば道央（行）において、道南（列）における域内需要計は道央から道南への移出額であり、関東（列）における地域内需要計は道央から関東への移出額である。

ここまでで、道内 6 ブロックの輸出額、輸入額は確定している。しかし、道内 6 ブロック×（道内 6 ブロック＋全国 8 ブロック）の移出額はバランス調整を行った後、最終確定する。

⑤バランス調整による各数値の最終確定

ここまでの各数値は個別に分割推計したものであるため、産業連関表のバランス式である、中間需要＋最終需要＋輸出－輸入＝域内生産額が、すべての行（8 部門×14 ブロック＝112 行）で成り立つとは限らない。そのため、バランス式が成立するよう数値の調整を行っていく。ここでは、次の方法によりバランス調整を行った。

☑ まず、輸出－輸入により「純移輸出額」を算出し、CT（コントロール・トータル）とする。

☑ 域内自給率が概念上 100％以上となる産業部門（建設、公共事業、

---

[8] このとき、道内 6 ブロックから全国 8 ブロックへの移出率は、2005 年全国地域間表における北海道の対全国 8 ブロックへの移出先に等しいと仮定しているが、推計上の限界である。

公務など）について、純移輸出額がマイナスならば移輸出をゼロとし、純移輸出額がプラスならば移輸入をゼロとする（その場合、ゼロでないほうの数値は純移輸出額となる）。

☑ バランス式に誤差が出る場合は、その誤差分を輸入額で調整する。ただし、輸入額で吸収できない場合は最終需要部門の在庫純増で吸収する。

☑ バランス式が成立するように数値が合致すると、道内6ブロックの域内生産額と域内需要合計（＝中間需要合計＋最終需要合計）が確定する。この域内需要合計に、上述で作成した移出係数表を用いて、各地域（列）の域内需要計を推計する。

☑ 最後に、各地域（行）における中間需要合計に占める地域計（列）の産業部門別中間需要の割合を用いて、各地域（列）の産業部門別中間需要を配分する。

以上により、全国－北海道の14地域間産業連関表（8部門表）を完成させた。なお、作成した14地域間産業連関表（8部門表）を用いた経済波及効果の推計も行っているが、これまで北海道1地域でしか推計できなかった効果を、道内6地域別に推計することが可能となる。

3. 完全分離法による地域間産業連関表の作成と適用[9] ―全国・北海道・オホーツク 3 地域間産業連関 分析による検証―

（1）完全分離法の基本概念

　「完全分離法（Perfect Separation Method）」とは、既存の地域内表を活用して地域間表を作成する手法であり、浅利・土居（2011[10]、2012[11]、2016[12]）によって考案された。公表済みの産業連関表を用いるため、地域間取引量（地域間交易係数）を推定するための独自調査が必要ないことがメリットである。具体的には、都道府県等の複数地域の産業連関表とそれらの地域を除いた産業連関表を導出し、それらを連結して多地域間産業連関表を作成する。

　ここで、浅利・土居（2016）で紹介されている垂直的拡張と並列的拡張の考え方を解説しておく。全国の地域内産業連関表（以下、「全国地域内表」という。）と、ある地域の地域内産業連関表（以下、「地域内表」という。）を接続させて 3 地域の地域間産業連関表を作成することを考えると、その 3 表の関係は図 2 のとおり、2 つに分けることができる。

　1 つ目は「垂直的拡張」であり、全国地域内表－A 地域内表（例えば北海道）－B 地域内表（例えば札幌市）のように垂直的方向に包含関係があ

---

[9]　本節の分析内容は、次の研究報告を再構成した上で加筆修正したものである。
平出渉，阿部秀明「北海道オホーツク地域を対象とした 3 地域間産業連関表の作成とサプライチェーン分析への応用」，第 39 回日本物流学会全国大会研究報告集，日本物流学会，pp97-100，2022.9.
[10]　浅利一郎，土居英二「完全分離法の並列的拡張による他地域間連結産業連関表の理論と手順」，静岡大学経済研究 15 巻 4 号，pp155-174，2011.2.
[11]　浅利一郎，土居英二「完全分離法の垂直的拡張による他地域間連結産業連関表の理論と手順」，静岡大学経済研究 16 巻 4 号，pp133-155，2012.4.
[12]　浅利一郎，土居英二『地域間産業連関表分析の理論と実際』，日本評論社，2016.2.

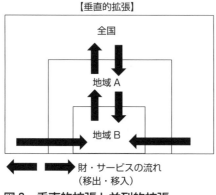
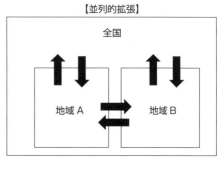

【垂直的拡張】　全国　地域A　地域B

【並列的拡張】　全国　地域A　地域B

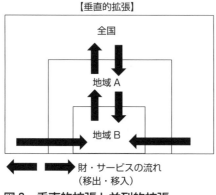 ← → 財・サービスの流れ
（移出・移入）

図2　垂直的拡張と並列的拡張
出所：浅利（2016）より作成。

る取引関係である。2つ目は「並列的拡張」であり、A地域内表とB地域内表が同じ地域レベルの関係にあり、全国表－A地域内表（例えば北海道）－B地域内表（例えば東京都）のように並列的方向に包含関係がある取引関係である。

　これら2つの接続方法は、地域間交易係数を何らかの方法により推定することにより可能となるが、完全分離法では地域間交易係数を移入率、輸入率、自給率から計算するため、地域間の移出・移入の割り振りをどのように行うかがポイントとなる。

　本節においては、垂直的拡張と並列的拡張のうち垂直的拡張の手法により、①全国表－②北海道表－③オホーツク地域表の①～③の3表を接続した3地域間産業連関表を作表した。

（2）完全分離法による多地域間産業連関表の作成

①産業連関表の用意及び産業部門の統合

　完全分離法により3地域間表を作成するための準備として、2015年全

国地域内表、2015 年北海道内表、2015 年オホーツク地域内表（試算表）を用意した。このうち、オホーツク地域内表については、分析時点で最新表である 2011 年北海道内地域間表を構成する 6 地域[13] のうち 1 地域として公表されている。

　しかし、当該表は 2011 年表であるため、2011 年北海道内表と 2015 年北海道内表を後述する産業部門数に統合した上で、産業別道内生産額の 2011 年〜2015 年の増減率を 2011 年オホーツク地域内表の産業別域内生産額に適用し、2015 年の産業別域内生産額を試算した。また、中間需要、最終需要、移出入及び輸出入に関しては、2011 年表における各数値の対域内生産額比を用いて推計し、バランス調整を行った上で 2015 年オホーツク地域内表（試算表）を完成させた。

　産業部門については、2015 年全国地域内表 107 部門、2015 年北海道内表 105 部門、2015 年オホーツク地域内表 63 部門から、32 部門に集約・統合した。これにより、2015 年全国地域内表、2015 年北海道内表、2015 オホーツク地域内表の 32 部門表を作成した上で以降の作業を実施する。

② 3 地域内表の分離

　まず、2015 年北海道内表（s 表）から 2015 年オホーツク地域内表（t 表）の数値を差し引き、「オホーツク地域を除く全道地域内表（s 表）」を作成した。次に、2015 年全国地域内表（R 表）から 2015 年北海道内表（S 表）を差し引き、「北海道を除く全国地域内表（r 表）」を作成した（図 3）。これにより、2015 年全国地域内表（R 表）は r 表、s 表、t 表の 3 表に完全に分離され、この 3 表の合計値は 2015 年全国地域内表（R 表）の各数値に一致する。

③ 3 地域間の移出入額の設定

　②で分離した 3 表を連結するためには、3 地域×3 地域の移出入を推定

---

[13] 道央、道北、道南、オホーツク、十勝、釧路・根室の 6 ブロックである。

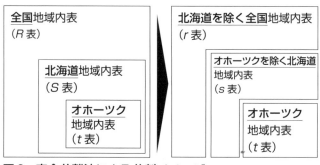

図3　完全分離法による分割イメージ

することが必要となる。移出を N、移入を $-N$ と表し、オホーツク（t）からオホーツクを除く北海道（s）への移出を N^{ts} と表すと、3地域×3地域の移出入はそれぞれ表4のようになる。

表4　3地域間の移出入額の推定

地域	移出（N）			移入（$-N$）		
	オホーツク（t）へ	その他全道（s）へ	その他全国（r）へ	オホーツク（t）から	その他全道（s）から	その他全国（r）から
オホーツク（t）		$\underline{N^{ts}}$	$\underline{N^{tr}}$		$-N^{st}$	$-N^{rt}$
その他全道（s）	$\underline{N^{st}}$		N^{sr} $= N^{Sr} - \underline{N^{tr}}$	$-N^{ts}$		$-N^{rs}$ $= -N^{rS} - \underline{N^{rt}}$
その他全国（r）	$\underline{N^{rt}}$	N^{rs} $= N^{rS} - \underline{N^{rt}}$		$-N^{tr}$	$-N^{sr}$ $= -N^{Sr} - \underline{N^{tr}}$	

　今回、オホーツク地域内表に用いた北海道内地域間産業連関表では、輸出入の他、道内6地域及び道外との移出入が別個に記述されており、これを地域間交易係数としてそのまま用いたため、表4のうち下線部の数値は自動的に求まる[14]。移出と移入は地域間でプラス・マイナスの関係であ

---

[14] 地域間交易係数の設定については次節で詳述する。

オホーツク地域内表（t表）

	部門1	・・・	部門32	中間需要計	域内最終需要	移出	輸出	移入	輸入	生産額
部門1										
・・・										
部門32										
中間投入計										
粗付加価値額										
生産額										

北海道地域内表（S表）

	部門1	・・・	部門32	中間需要計	域内最終需要	移出	輸出	移入	輸入	生産額
部門1										
・・・										
部門32										
中間投入計										
粗付加価値額										
生産額										

全国地域内表（R表）

	部門1	・・・	部門32	中間需要計	域内最終需要	移出	輸出	移入	輸入	生産額
部門1										
・・・										
部門32										
中間投入計										
粗付加価値額										
生産額										

オホーツク地域内表（t表）

	部門1	・・・	部門32	中間需要計	域内最終需要	移出	輸出	移入	輸入	生産額
部門1										
・・・										
部門32										
中間投入計										
粗付加価値額										
生産額										

オホーツクを除く北海道地域内表（s表）

	部門1	・・・	部門32	中間需要計	域内最終需要	移出	輸出	移入	輸入	生産額
部門1										
・・・										
部門32										
中間投入計										
粗付加価値額										
生産額										

北海道を除く全国地域内表（r表）

	部門1	・・・	部門32	中間需要計	域内最終需要	移出	輸出	移入	輸入	生産額
部門1										
・・・										
部門32										
中間投入計										
粗付加価値額										
生産額										

3地域間表

		オホーツク (t)			オホーツクを除く北海道 (s)			北海道を除く全国 (r)			中間需要計	オホーツク (t)	北海道 (s)	全国 (r)	輸出	生産額
		部門1	・・・	部門32	部門1	・・・	部門32	部門1	・・・	部門32		域内最終需要				
オホーツク(t)	部門1															
	・・・															
	部門32															
オホーツクを除く北海道(s)	部門1															
	・・・															
	部門32															
北海道を除く全国(r)	部門1															
	・・・															
	部門32															
輸入	部門1															
	・・・															
	部門32															
中間投入計																
粗付加価値額																
生産額																

図4　完全分離法による3地域間表の作表イメージ

り、例えばオホーツク（t）からその他全国（r）への移出 N^{tr} にマイナス符号を付ければ、その他全国（r）におけるオホーツク（t）からの移入 $-N^{tr}$ となる。また、表4のうち下線部が付いていない数値は、全道地域内表（S表）における移出額を用いて導出できる。なお、完全分離法による3地域間表の作表イメージを図4に示す。

④逆行列係数の導出

さて、3地域間産業連関表の需給バランスは、

$$X = TAX + TF + E \qquad (1)$$
$$M = M^*(TAX + TF) \qquad (2)$$

である。

ここで X は産出高ベクトル、T は地域間交易係数行列、A は投入係数行列、F は域内最終需要ベクトル、M は輸入ベクトル、M^* は輸入係数行列、E は輸出ベクトルである。TAX は3地域内表において移出入が考慮された中間需要、TF は域内最終需要となる。

上記の（1）式を展開すると、

$$X = (I - TA)^{-1}(TF + E) \qquad (3)$$

となり、逆行列表 $(I - TA)^{-1}$ を含む均衡産出高モデルが導出される。

なお、（2）及び（3）式より、$M = M^*[TA(I - TA)^{-1}(TF + E)] + TF \quad (4)$

以上のモデル式に基づき、全国－北海道－オホーツク3地域間産業連関表を作成した。

（3）作成した3地域間産業連関表の精度検証

作成した全国－北海道－オホーツク3地域間産業連関表を元に、推計精度の検証のための試算を行った。ここではオホーツク地域の農業部門（耕種農業）、林業部門、商業部門にそれぞれ100億円の新規需要が発生した場合に、その他全道及び全国地域に与える経済波及効果を推計した（表

表 5-1　農業部門に 100 億円の新規需要が発生した場合の経済波及効果

（単位：百万円）

地域	新規需要	農業部門	
		作成した 3 地域間表	2011 年 北海道内地域間表
オホーツク	10,000	12,928	12,995
その他全道	－	1,969	2,159
その他全国	－	3,703	－
合　計	－	18,599	15,154

表 5-2　上記表 5-1 の各産業部門への経済波及効果の詳細

（単位：百万円）

	産業部門	3 地域間表	2011 年 北海道内 地域間表	3 地域間表	2011 年 北海道内 地域間表	3 地域間表	2011 年 北海道内 地域間表	3 地域間表	2011 年 北海道内 地域間表
		オホーツク		オホーツクを除く北海道		北海道を除く全国		合計	
1	耕種農業	10,319	10,406	73	106	137	－	10,530	10,512
2	畜産	144	875	42	167	14	－	200	1,042
3	農業サービス	811	－	7	－	8	－	826	－
4	林業	5	6	3	4	1	－	10	10
5	漁業	6	2	4	1	4	－	14	3
6	鉱業	4	4	18	17	10	－	31	21
7	食料品	69	117	58	128	109	－	235	245
8	繊維	0	0	3	2	21	－	24	3
9	製材・家具	4	6	7	8	15	－	26	14
10	パルプ・紙	8	7	146	132	199	－	353	140
11	印刷・製版・製本	2	2	7	7	17	－	26	9
12	化学製品	95	95	214	213	1,334	－	1,644	308
13	石油・石炭製品	0	0	280	287	317	－	597	287
14	皮革・ゴム	0	0	2	2	24	－	26	2
15	窯業・土石製品	27	26	16	17	28	－	70	43
16	鉄鋼	0	0	10	8	38	－	48	9
17	金属製品	0	0	0	0	17	－	17	0
18	非鉄金属製品	4	4	11	12	35	－	50	16
19	機械	4	3	7	4	100	－	111	7
21	その他の製造品	66	9	4	27	12	－	82	35
20	建設	9	67	28	13	106	－	142	80
22	電力・ガス・水道	89	86	122	123	103	－	314	209
23	商業	488	488	208	220	365	－	1,061	708
24	金融・保険・不動産	63	59	110	107	76	－	249	167
25	運輸	178	191	99	104	195	－	471	295
26	情報通信	7	7	74	63	110	－	192	69
27	公務	5	5	16	15	3	－	25	20
28	公共サービス	18	17	6	28	7	－	31	45
29	対事業所サービス	454	472	268	223	281	－	1,003	695
30	対個人サービス	2		2		3	－	7	0
31	事務用品	5	5	2	2	3	－	10	7
32	分類不明	39	38	121	119	13	－	173	157
	合計	12,928	12,995	1,969	2,159	3,703	－	18,599	15,154

表 6-1　林業部門に 100 億円の新規需要が発生した場合の経済波及効果

表 6-1　林業部門に 100 億円の新規需要が発生した場合の経済波及効果　　（単位：百万円）

地域	新規需要	農業部門	
		作成した3地域間表	2011年北海道内地域間表
オホーツク	10,000	13,147	13,189
その他全道	－	1,734	1,735
その他全国	－	1,190	－
合　計	－	16,072	14,924

表 6-2　上記表 6-1 の各産業部門への経済波及効果の詳細　　（単位：百万円）

	産業部門	3地域間表	2011年北海道内地域間表	3地域間表	2011年北海道内地域間表	3地域間表	2011年北海道内地域間表	3地域間表	2011年北海道内地域間表
		オホーツク		オホーツクを除く北海道		北海道を除く全国		合計	
1	耕種農業	16	21	6	9	11	－	32	29
2	畜産	5	5	5	3	4	－	13	9
3	農業サービス	2	－	1	－	1	－	3	－
4	林業	12,092	12,091	504	503	18	－	12,614	12,594
5	漁業	3	1	2	1	2	－	7	2
6	鉱業	2	2	14	12	6	－	23	14
7	食料品	35	41	29	42	50	－	114	83
8	繊維	0	0	1	1	11	－	13	2
9	製材・家具	18	19	7	8	12	－	38	26
10	パルプ・紙	2	2	33	33	43	－	77	34
11	印刷・製版・製本	1	1	4	4	7	－	12	5
12	化学製品	2	2	5	5	63	－	70	7
13	石油・石炭製品	0	0	267	279	216	－	484	280
14	皮革・ゴム	0	0	2	1	16	－	18	1
15	窯業・土石製品	5	5	4	5	6	－	14	10
16	鉄鋼	0	0	6	6	21	－	28	6
17	金属製品	0	0	0	0	8	－	8	0
18	非鉄金属製品	2	2	7	6	14	－	23	9
19	機械	4	2	6	4	76	－	85	6
21	その他の製造品	38	17	3	48	3	－	44	65
20	建設	17	39	48	9	114	－	180	48
22	電力・ガス・水道	49	55	64	72	26	－	138	128
23	商業	132	138	69	76	105	－	305	214
24	金融・保険・不動産	51	52	90	89	33	－	174	140
25	運輸	214	216	115	104	131	－	460	320
26	情報通信	5	6	57	50	52	－	115	55
27	公務	6	6	20	20	2	－	28	26
28	公共サービス	28	28	5	15	3	－	36	43
29	対事業所サービス	343	365	208	175	128	－	679	541
30	対個人サービス	4	－	2	－	2	－	7	0
31	事務用品	22	22	3	2	1	－	26	24
32	分類不明	48	50	148	154	6	－	203	204
	合計	13,147	13,189	1,734	1,735	1,190	－	16,072	14,924

表 7-1　商業部門に 100 億円の新規需要が発生した場合の経済波及効果　（単位：百万円）

地域	新規需要	商業部門 作成した3地域間表	商業部門 2011年北海道内地域間表
オホーツク	10,000	11,662	11,750
その他全道	－	1,772	1,784
その他全国	－	1,353	－
合　計	－	14,787	13,533

表 7-2　上記表 7-1 の各産業部門への経済波及効果の詳細　（単位：百万円）

	産業部門	3地域間表	2011年北海道内地域間表	3地域間表	2011年北海道内地域間表	3地域間表	2011年北海道内地域間表	3地域間表	2011年北海道内地域間表
		オホーツク		オホーツクを除く北海道		北海道を除く全国		合計	
1	耕種農業	1	6	1	4	1	－	3	10
2	畜産	0	4	0	3	0	－	1	7
3	農業サービス	0	－	0	－	0	－	0	－
4	林業	4	5	3	3	1	－	8	8
5	漁業	0	2	0	1	0	－	1	3
6	鉱業	4	4	12	12	4	－	20	17
7	食料品	1	20	2	20	4	－	7	40
8	繊維	0	0	2	2	19	－	21	3
9	製材・家具	15	15	7	8	12	－	33	23
10	パルプ・紙	3	3	61	60	76	－	140	64
11	印刷・製版・製本	14	14	37	36	32	－	83	51
12	化学製品	1	1	4	4	51	－	56	5
13	石油・石炭製品	0	0	141	151	121	－	262	151
14	皮革・ゴム	0	0	1	1	12	－	13	1
15	窯業・土石製品	4	4	3	5	6	－	14	9
16	鉄鋼	0	0	12	10	39	－	51	10
17	金属製品	0	0	0	0	11	－	12	0
18	非鉄金属製品	8	8	18	18	31	－	56	26
19	機械	7	5	10	6	127	－	144	11
21	その他の製造品	81	9	6	26	4	－	91	36
20	建設	9	82	27	21	71	－	110	103
22	電力・ガス・水道	189	200	177	193	30	－	396	393
23	商業	10,154	10,164	77	89	117	－	10,349	10,253
24	金融・保険・不動産	260	262	344	344	73	－	677	606
25	運輸	181	184	86	86	114	－	381	270
26	情報通信	35	35	297	289	178	－	510	324
27	公務	3	3	10	10	1	－	15	13
28	公共サービス	50	51	9	21	4	－	64	72
29	対事業所サービス	578	619	341	280	197	－	1,116	899
30	対個人サービス	9	5			4	－	18	0
31	事務用品	23	24	2	2	2	－	27	26
32	分類不明	24	24	77	78	6	－	107	102
	合計	11,662	11,750	1,772	1,784	1,353	－	14,787	13,533

5-1、表 6-1、表 7-1)。

　仮にオホーツク地域の農業部門に 100 億円の新規需要が発生した場合、作成した 3 地域間表では、オホーツク地域で 129.3 億円、その他全道に 19.7 億円、その他全国に 37.0 億円の波及効果が発生すると推計された。比較のために、2011 年北海道内地域間産業連関表を用いて同様に計算すると、オホーツク地域内で 130.0 億円、その他全道で 21.6 億円の波及効果が発生すると推計された（表 5-1、5-2）。なお、2011 年北海道内地域間産業連関表では、その他全国への波及効果は推計できない。

　北海道内地域間産業連関表では道内 6 地域別の波及効果額しか計測できないが、その推計結果は、作成した 3 地域間表におけるオホーツク地域内及び道内への波及効果額とほぼ同じ数値となっている。その上で、3 地域間表では、新たにその他全国への波及効果が推計されていることになる。同様に林業、商業でも同じ推計を行ったが同様の結果であった（表 6-1、6-2、表 7-1、7-2）。

　したがって、今回作成した 3 地域間表は既存の地域間表と比較しても推計精度が確保されていることに加え、既存の地域間表では計測できなかった道外への経済波及額が計測できることが分かった。このように分析対象に併せて他地域間産業連関表を作成することで、任意の地域でサプライチェーンの分析を行うことが可能であることが実証された。

（4）地域間交易係数の設定

　地域間産業連関表の作成において、最も重要な作業が地域間交易係数、すなわち各地域からの移出・移入及び輸出・輸入の設定である。移出・移入は地域間取引を表象するものであり、使用する産業連関表がどれだけ現実の経済状態を反映するかどうかに直結する。

　本節における「全国」−「北海道」−「オホーツク」3 地域間産業連関表の

作成にあたっては、ベースとした産業連関表の移出・移入、輸出・輸入を活用することができた。公表されている産業連関表は、作成過程で財・サービスに関する実態調査を行った上で移輸出額・移輸入額を推定していることからその精度は高く、これを活用することが最も望ましいことは言うまでもない。しかしながら、分析対象とする地域が公表されている産業連関表の地域区分と異なる場合や、産業連関表の作成年次と分析年次にギャップがある場合には、それをそのまま活用することは、推計結果の精度に影響を与えるかもしれない。そこで、本項では、地域間交易係数を設定するいくつかの方法について指摘しておく。

1) サーベイ法

サーベイ法とは、産業連関表のバランス式を利用して移輸出額・移輸入額を推定する方法である。

$$X = AX + F + E - M \qquad (5)$$

ここで E を移輸出、M を移輸入とすれば、

$$M = (AX + F + E) - X \qquad (6)$$

$$E - M = X - (AX + F) \qquad (7)$$

である。(7) 式は、

移輸出－移輸入＝域内生産額－（中間需要計＋域内最終需要計）

移輸出－移輸入＝域内生産額－域内需要計

となり、域内生産額から域内需要を差し引いた金額は、移輸出から移輸入を差し引いた金額（＝純移輸出）と同額になることを意味する。したがって、域内生産額と域内需要額が確定していれば、あとは移輸出額か移輸入額のどちらかを推計できれば、もう片方は自動的に求めることができる。

サーベイ法は比較的精度が高いことで知られているが、精度が高い地域間交易係数を得るためには十分なサンプル数による調査データが必要であ

る。必然的に大規模な調査と高い回収率が必要となり、調査コストや労力の面などから実務上困難な状況にある。また、サーベイ法では残差として誤差を含む形で純移輸出が決定されることになることも課題の一つである[15]。最も理想的なのは、移輸出額・移輸入額を実態調査でそれぞれ推定することである。しかし、多くの費用や期間を要する点がデメリットとなり、コストを考慮すればある程度の精度誤差は捨象せざるを得ない面があろう。

　なお、本田・中澤（2000）では、域内自給率を100％として扱う部門以外については、純輸移出を市内総生産額から中間需要、最終消費、在庫品増減などを差し引いた残差として推計し、域内自給率を100％として扱う部門については、市内総生産額を再推計するバランス調整を繰り返し、最終的な誤差を任意の最終部門に吸収させるという手法を採用している。

　サーベイ法の中でも移輸出入額については、対象地域における事業所アンケート調査を実施し、その結果を反映する部分サーベイ法が採られることも多い。部分サーベイ法を用いた事例としては、1995（平成7）年深川市産業連関表を作成した今西（2004）[16] に加え、筆者が受託調査として2011（平成23）年ニセコ観光圏産業連関表を作成した（一社）ニセコプ

---

[15] この点について、本田・中澤（2000）では、「地域経済における輸移出や輸移入の重要性を考えると、このように誤差を含む形で純輸移出を定義することは望ましくないが、既存の官公庁のデータでは市町村レベルの純輸移出を推計する際の基礎データを得ることができない。産業別の生産額（CT）やこれに投入係数を乗じて求める中間投入額などは、まだ基礎となるデータが存在したり、アクティビティ・ベースといった原理があるため比較的簡単に推計し易いが、輸移出や輸移入の推計は非常に困難な作業であり、地域産業連関表を作成する際の大きなネックとなっている。」（pp.56）と述べている。

本田豊，中澤純治「市町村産業連関表の作成と応用」，立命館経済学第49巻第4号，立命館大学経済学会，pp51-76，2000.

[16] 今西英俊「深川市産業連関表の作成手法の研究」，産業連関第12巻3号，環太平洋産業連関分析学会，pp.38-49，2004.10.

ロモーションボード（2015）[17]、同じく 2015（平成 27）年小樽市産業連関表を作成した小樽市（2021）[18] などがある。

2）ノン・サーベイ法

サーベイ法に対して、具体的な実態調査を行うことなく移輸出額・移輸入額を推定するのがノン・サーベイ法である。その方法論には、以下の①地域簡易輸入法、② LQM 法、③グラビティモデル等の手法が挙げられる。

①地域間移輸入法

作成対象となる複数地域間の移出入が完全に対応している場合、地域間交易係数を直接推計することが可能である。この方法は、移出入が対応関係にある既存の産業連関表が整備されている場合にのみ可能である。本章で作成した 3 地域間産業連関表はこの手法である。

しかし、産業連関表によっては移出と輸出、移入と輸入がそれぞれ移輸出、移輸入として統合されて表示されている場合がある。この場合は、そのまま地域間交易係数を求めることができないため、まず移出入と輸出入とに分離する作業が必要となる。対象地域における他地域からの移入率と輸入率がそれぞれ推定されていれば理想的であるが、多くの場合はデータが無い。そのため、対象となる小地域（例えばオホーツク）とベースとなる地域表（例えば北海道）の輸入率は等しいと仮定し、まず生産額や域内需要額の割合により小地域の輸入額を推定した上で、ベースとなる地域の移入額・輸入額の比率から小地域の移入額を推定し、純移輸出による残差として移出額・輸出額を推定する、という方法が採られることが多い。

[17] 一般社団法人ニセコプロモーションボード「平成 27 年度ニセコ観光圏経済波及効果調査業務報告書」，株式会社ドーコン受託，2017.12.
[18] 小樽市「令和 2 年度小樽市観光基礎調査報告書（令和 3 年 8 月訂正版）」，株式会社ドーコン受託，2021.8.

② LQM（Location Quotient Method）

ノン・サーベイ法の代表的な手法は自給率と特化係数の相関関係を利用する LQM 法である[19]。LQM 法の中でも最もシンプルな SLQ 法（Simple Location Quotient Method）では、まず産業部門別に特化係数を算出する。特化係数（LQ：Location Quotient）とは、ある地域の産業部門別構成比を比較したい地域の産業部門別構成比で除した数値であり、その値が1よりも大きければその産業が比較優位性を持つと考える。

いま、地域 r (1,2) があり、各地域に n 部門の産業があるとする。また $x_{i,r}$ を小地域 r の部門 i の生産額、$x_{i,m}$ を中地域 m の部門 i の生産額とすると、特化係数（$l_{i,r}$）は以下の式で示される。

$$l_{i,r} = (x_{i,r}/\textstyle\sum x_{i,r}) \; / \; (x_{i,m}/\textstyle\sum x_{i,m}) \qquad (8)$$

すなわち、特化係数が1未満の産業部門は自給ができずに移入によって自地域の需要を補っていると見なす。逆に1以上であれば、その地域の産業は自地域の需要を賄った上で移出をしていると考える。このとき、地域の自給率（$t_{i,r}$）は以下の式で示される。

$$t_{i,r} = l_{i,r} \quad if \quad l_{i,r} < 1 \; less \; localized$$
$$l_{i,r} \quad if \quad l_{i,r} \geq 1 \; more \; localized \qquad (9)$$

つまり、ある産業部門において地域1の特化係数が1未満であれば、その特化係数は地域2から地域1への移入率（移入額／域内需要）となる。このとき地域2の特化係数は必ず1より大きくなり、（1−特化係数）が地域2から地域1への移出率（移出額／域内生産額）となる。

一般的には、LQM によってまず移輸入額を推定し、純移輸出（生産額

---

[19] その他、浅利・土居（2016）では、生産額と移輸出額の線形関係を利用した EMALEX（Estimation Method Assuming Linearity between E and X）が考案されている。また、前川（2012）では、供給側・需要側から生産シェア・需要シェアを用いて按分する簡易推計法が紹介されている。前川和史「市町村の作成」，小長谷一之・前川和史（編）『経済効果入門』第7章所収，pp94-142，日本評論社，2012.6.

－中間需要－域内最終需要）との残差として移輸出額を推定する。ただし、移輸入額は域内需要額より小さいとは限らない。輸入した商品をそのまま輸出するという「再移輸出」は無いと産業連関分析で仮定しているため、移輸入額が域内需要額を上回ることは概念上あり得ない。また、域内自給率が概念上 100％ となる産業部門（建設、公共事業、公務など）では純移輸出額は形式上ゼロとなるはずだが、バランス式で導出される純移輸出額がゼロとならない場合がある。

　そのため、移輸入額が域内需要額を上回った部門に関しては、純移輸出額を用いて以下のように推定する。

(i) 純移輸出額がマイナスならば、移輸出はゼロ、移輸入は純移輸出額

(ii) 純移輸出額がプラスならば、移輸出は純移輸出額、移輸入はゼロ

　LQM による移出入額の推計は、簡便な方法にもかかわらず比較的精度が高い点がメリットとして挙げられており、1995（平成 7）年名古屋市産業連関表を作成した朝日（2004）[20]、2000（平成 12）年愛知県－名古屋市－その他県内地域の 3 地域間産業連関表を作成した石川（2004）[21] をはじめ、小地域を対象とする産業連関表の作成におけるベーシックな手法として用いられている。

　しかし、現実の地域間取引は各地域間で双方向の取引関係となるが、LQM では移出額または移入額のどちらかを推計値とし、いずれかを 0 とするため、移出入の双方向性が排除され、地域間の経済波及効果が過小評価されてしまう点が指摘されている[22]。

---

[20] 朝日幸代「平成 7 年名古屋市産業連関表の作成の試み」, 産業連関第 12 巻 1 号, 環太平洋産業連関分析学会, pp.16-24, 2004.2.

[21] 石川良文「Nonsurvey 手法を用いた小都市圏レベルの 3 地域間産業連関モデル」, 土木学会論文集 758 巻 4-39 号, pp45-55, 2004.

[22] この点について、浅利・土居（2016）では、「（作表する地域のうち最小地域）の経済規模が小さいほど、Location Quotient Method によるノンサーベイ法とサーベイ法との交易係数の差が大きくなる傾向がある。」（pp.76）と述べている。

③グラビティモデル

　グラビティモデル（Gravity model）とは、ニュートン力学における万有引力の法則を地域間取引に適用しようとするものである。万有引力の法則によれば、二物体間の引き合う力は両物体の質量に比例し、物体間の距離に反比例する。グラビティモデルでは、この考え方に基づき、都市交通量や国際貿易取引等において適用されている。

　産業連関表の作成に関しては、2000（平成12）年愛知県内3地域間産業連関表を作成した中野・西村（2007）[23] などの事例がある。また、2005（平成17）年愛知県内4地域間産業連関表を作成した山田・大脇（2012）[24] や山田（2013）[25] においては、グラビティモデルでの推定値を初期値としたRAS法による収束計算により県内移出入を推計するグラビティ－RAS法が提案されている。

　グラビティモデルではLQM法で指摘される双方向性の排除は生じないが、変数及び重力定数の設定、利用するデータの入手が困難な場合が多い点が指摘されている。利用する距離データについては、全国地域間産業連関表の移出額・移入額データか、Google Map等での距離データが用いられることが多い。

---

[23] 中野諭，西村一彦「地域産業連関表の分割における他地域間交易の推定」，産業連関第15巻3号，環太平洋産業連関分析学会，pp.44-53，2007.
[24] 山田光男，大脇祐一「2005年愛知県内4地域間産業連関表の推計」，Discussion Paper Serires No. 1205，中京大学経済学部付属経済研究所，2012.
[25] 山田光男「グラビディ－RAS法による地域間交易の推計」，Discussion Paper Serires No. 1301，中京大学経済学部付属経済研究所，2013.

４．地域間産業連関表の実用性に関する検討

（１）地域間交易係数の年次ギャップに関する課題

　本章で提示した３地域間産業連関表においては、地域間交易係数は2011年北海道内産業連関表の係数を採用したが、分析対象年は2015年としたため、2011年と2015年との４年間のギャップが生じている。こうした年次ギャップが存在する場合、その間に大きな経済状態の変化があった際に地域間交易係数に影響を与える（移出入構造が変化する）ことに留意しなければならない。

　仮に2011〜2015年の間に大きな移出入構造の変化があるとすれば、2011年の産業連関表の係数を採用することはそぐわないかもしれない。こうした点について、以下のようなヒアリング調査を実施し、その妥当性についても検証を行った。

（２）オホーツク地域の現状に関するヒアリング

　先ず、上記の課題に関し、オホーツク地域における近年の移出入構造の変化や経済構造を把握するため、関係機関へヒアリング調査を実施した。主に農業・物流分野に関し、産業連関表の作成年次である2011〜2015年のオホーツク地域の産業構造や移出入に大きな変化を与えるような事象が発生しているかどうかについて、北海道オホーツク総合振興局産業振興部に聞き取りを行った。主に特徴的な事象が発現された産業部門について、ヒアリング結果の概要を以下に示す。

　①林業の状況（林業出荷額増加の背景）

　2007年以降、ロシアの丸太原木輸出規制により外国産木材の輸入が落ち込み国産材に需要が向いたこと、また木材の集成材や乾燥技術の高まり

により、住宅建築部材として活用が困難だったカラマツやスギなど道産木材の生産が増えたことにより、林業出荷額が増加している。また、木材加工で国内競争力の高い優良な企業も管内で増えてきている。

②漁業の状況（漁獲額増加の背景）

ホタテは輸入規制や欧州 HACCP による規制強化に伴い、冷凍生ホタテ（玉冷）の需要が増加し、漁獲額は 2011〜2014 年にかけて右肩上がりで増加した。しかし、2014 年末の大型低気圧の通過によりホタテガイが大量に窒息死する事象が発生し、2015 年の漁獲額は大きく減少したが、その後回復してきている。

③農業（酪農）の状況（生乳出荷額増加の背景）

生乳出荷額は増加傾向であり、本州での生乳生産量が減少していることもあり、これまで加工品に回っていた生乳がほくれん丸（釧路港〜茨城港）により輸送されている。飼肥料関係には近年変化はない。

④産業・移出入構造への影響

オホーツク地域は移輸出型の産業が多く、より一層輸出促進の動きを高めていく必要があるが、産業構造や移出入構造に大きな影響を与えるほどの事象は 2011〜2015 年の間では発生していない。

5．本章のまとめ

本章では、まず産業連関表の作成状況や基本構造を整理するとともに、産業間・地域間サプライチェーンの分析を行う上で極めて重要な地域間産業連関表の課題について整理した。そうした地域間産業連関表の課題への対応策として、既存の地域間産業連関表を用いた接続表の作成、及び、北海道オホーツク地域と北海道、全国を対象とした完全分離法に基づく3地域間産業連関表の作成を試みるとともに、その課題と実用性について、関係機関へのヒアリングも踏まえて検討を加えた。

　その結果、地域間産業連関表の作成方法に関し、特に、実用面から以下の点が指摘された。

　全国を対象とする地域間産業連関表が 2005（平成 17）年表以降作成されていないことや、分析対象地域設定の柔軟性を踏まえると、現在定期的に作成・公表されている地域内産業連関表を地域間産業連関表に加工して分析に用いることは概ね適当であろう。その方法として本章で取り上げた「完全分離法」による地域間産業連関表の作成は、既存の全国地域間産業連関表では全国ブロックレベルでしか対応できなかった任意の地域を対象とした地域間サプライチェーンの分析が可能となるとともに、データ作成年次の課題にも対応できることが明らかとなり、その有効性や汎用性が確認された。

　一方で、産業間・地域間サプライチェーンの特徴を分析する上で重要である地域間交易係数については、既存の産業連関表データが地域間交易係数として利用できる場合（産業連関表の地域区分と、分析する地域区分が同一など）には、精度が高い結果が得られるであろう。しかし、分析対象とする地域が公表されている産業連関表の地域区分と異なる場合や、産業連関表の作成年次と分析年次にギャップがある場合には、小地域産業連関表の作成でも広く用いられている LQM 法での推計を行うことが望ましいと考えられる。

参考文献

［1］平出渉『地域経済への空間的影響を考慮した政策評価に関する研究―前方連関効果アプローチによる分析評価手法の構築と実証―』北海商科大学・博士学位論文，2023 年 3 月．
［2］阿部秀明（編著），平出渉，相浦宣徳（共著）『地域経済におけるサプライチェーン強靭化の課題―地域産業連関分析によるアプローチ―』，共同文化社，2022.5

［ 3 ］新井園枝「経済産業省の地域産業連関表の作成について」，産業連関 23巻 1-2 号，環太平洋産業連関分析学会，pp18-29，2016.1.

［ 4 ］平出渉，阿部秀明「北海道オホーツク地域を対象とした 3 地域間産業連関表の作成とサプライチェーン分析への応用」，第 39 回日本物流学会全国大会研究報告集，日本物流学会，pp97-100，2022.9.

［ 5 ］浅利一郎，土居英二「完全分離法の並列的拡張による他地域間連結産業連関表の理論と手順」，静岡大学経済研究 15 巻 4 号，pp155-174，2011.2.

［ 6 ］浅利一郎，土居英二「完全分離法の垂直的拡張による他地域間連結産業連関表の理論と手順」，静岡大学経済研究 16 巻 4 号，pp133-155，2012.4.

［ 7 ］浅利一郎，土居英二『地域間産業連関表分析の理論と実際』，日本評論社，2016.2.

［ 8 ］本田豊，中澤純治「市町村産業連関表の作成と応用」，立命館経済学第49 巻第 4 号，立命館大学経済学会，pp51-76，2000.

［ 9 ］今西英俊「深川市産業連関表の作成手法の研究」，産業連関第 12 巻 3号，環太平洋産業連関分析学会，pp.38-49，2004.10.

［10］一般社団法人ニセコプロモーションボード『平成 27 年度ニセコ観光圏経済波及効果調査業務報告書』，株式会社ドーコン受託，2017.12.

［11］小樽市『令和 2 年度小樽市観光基礎調査報告書（令和 3 年 8 月訂正版)』，株式会社ドーコン受託，2021.8.

［12］前川和史「市町村の作成」，小長谷一之・前川和史（編）『経済効果入門』第 7 章所収，pp94-142，日本評論社，2012.6.

［13］朝日幸代「平成 7 年名古屋市産業連関表の作成の試み」，産業連関第 12巻 1 号，環太平洋産業連関分析学会，pp.16-24，2004.2.

［14］石川良文「Nonsurvey 手法を用いた小都市圏レベルの 3 地域間産業連関モデル」，土木学会論文集 758 巻 4-39 号，pp45-55，2004.

［15］中野諭，西村一彦「地域産業連関表の分割における他地域間交易の推定」，産業連関第 15 巻 3 号，環太平洋産業連関分析学会，pp.44-53，2007.

［16］山田光男，大脇祐一「2005 年愛知県内 4 地域間産業連関表の推計」，Discussion Paper Serires No. 1205，中京大学経済学部付属経済研究所，2012.

［17］山田光男「グラビディ－RAS 法による地域間交易の推計」，Discussion Paper Serires No. 1301，中京大学経済学部付属経済研究所，2013.

第4章

北海道の主要生産地域における物流の
労働生産性向上にむけた取り組み[1]

1. はじめに（本章のねらい）

　北海道のほぼ中心に位置する富良野は、面積や人口は少ないながらも、道内第2位を誇る玉葱の生産など農業に大きく経済活動を依存した地域である。こうした富良野地域で生産された農産品の流通過程において、物流は大きな役割を果たしているが、近年トラックドライバー不足からくる課題や、労働環境是正に起因した労働時間上限規制がもたらす輸送力低下、JR北海道の営業区間見直しなど、深刻な課題が新たに浮上し、克服しなければ農業経済にも大きく波及する状況となっている。

　そこで本章では、道内では有数の農産品の産地である富良野地域を対象とし、当該地域の物流の現状とともに、各課題の背景や農産品の道内外への輸送を担う富良野通運株式会社（以下富良野通運と称す）が受ける影響と輸送効率化に向けた成果事例について、積載率、実車率、実働率の面から、効果と成功要因、運用面の課題などを検討する。ここでは同社による、①肥飼料輸送のシステム化による積載率向上、②富良野地域の出荷品

---

[1] 本章は、永吉大介の博士学位論文『北海道における農産品供給機能の維持増進に資する物流効率化のあり方』第4章の一部、および、永吉大介，相浦宣徳「農業に関連した物流における生産性向上に取り組み―北海道のへそ・富良野からの提言―」，日本物流学会誌第27号，pp171-178，2019．に加筆修正を加えたものである。詳細は、文献［1］［2］を参照されたい。

目の一つである住宅用製材と肥飼料の輸送を組み合わせた実車率向上、③品目の季節波動に応じた車両の平準化による実働率向上、を対象とした。

　ここで取り上げる上記の課題は、我々が実施したアンケート結果[2]に基づいている。すなわち、労働生産性の向上を進めるための、生産性向上施策とされた「物流事業者との情報共有」や「輸送波動の平準化」、「荷待ち時間の削減」、「車両の大型化」と関連が深く、特に①〜③の事例に対するこれらの施策の効果や課題について検討したものである[3]。さらに本章では、生産性向上が進んでいる物流事業者・集出荷団体が行っている効率化を進める取り組みとの関係においても考察を加える。また、他に有効な効率化を進める取り組みがあるのかも含め検討する。

▎ 2．富良野地域の特性

　本節では、先ず富良野地域の特徴を整理し、富良野通運の概要及び富良野におけるものの運ばれ方を紹介する。ここで対象とする富良野地域は、図1の富良野市・上富良野町・中富良野町・南富良野町・占冠村の1市3町1村を指し、ふらの農協管轄のエリアである。札幌からは、約120 km、苫小牧から約170 kmに位置しており、図2の通り面積は北海道の約2.6％にあたる2,183 km[2]、人口は北海道の僅か0.8％である約43千人の小さな地域だが、そのうち21.5％が第1次産業に従事しており、他地

---

[2] アンケート調査の具体的な内容については割愛するが、上記の文献『北海道における農産品供給機能の維持増進に資する物流効率化のあり方』第3章「アンケート調査による集出荷団体・物流事業者による生産性向上施策及び効率化を進める取り組みの研究」である。詳細は、文献［1］を参照されたい。

[3] 本章で取り上げた分析内容は、次の2つの研究報告を再構成した上で加筆修正したものである。詳細は、以下の①、②を参照されたい。①永吉大介，相浦宣徳「農業に関連した物流における生産性向上の取り組み―北海道のへそ・富良野からの提言―」，日本物流学会誌第27号，pp171-178，2019．②永吉大介，相浦宣徳，阿部秀明「新たな物流課題が農業生産地域・富良野に及ぼす影響について」，フロンティア農業経済研究第22巻第1号，pp39〜53，2019．

図1　富良野地域

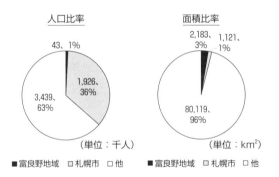

図2　北海道に占める富良野地域の各割合

資料：面積比率：平成29年全国都道府県市区町村別面積調　国土交通省国土地理院、人口比率：2015年住民基本台帳　北海道総合政策部地域主権・行政局市町村課調　玉葱出荷量比率：平成28年度農林水産関係市町村別統計

域と比較した場合、農業等への依存度が高い。更に農協や青果物卸売会社等関連した就労人口も含めると農業を基盤とする産業構造となっている。

この地域の主力生産品である玉葱は、約13万4千トンあり、北海道の出荷量の約16.1%を占め、全国第2位の生産量を誇る。また、「馬鈴薯」、「米穀」、「果実」など北海道で生産される野菜・果物の全品目が生産され、畜産業ではメガファームもあり乳用牛を中

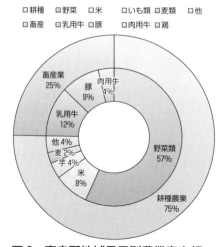

図3　富良野地域品目別農業産出額
資料：平成28年市町村別農業産出額
農林水産省

心とした酪農も盛んな地域である（図3）。このように日本の食料基地として、非常に重要な地域といえよう。

他方、地理的には、北海道の中心に位置し、鉄道貨物輸送の拠点もあり、地理的条件は良いが、他の地域・拠点との距離は遠く輸送に際して季節波動や片荷の影響を直接的に受けやすい地域である。以上から、生産性向上に向けた事例として適しているといえよう。

1）富良野通運の概要

富良野通運は富良野市を本拠地とし、札幌市及び上富良野町・平取町に支店・営業所を構え営業用車両67台を運用している物流事業者である。主たる事業は貨物自動車運送事業並びに鉄道/船舶の利用運送事業、灯油や軽油などの燃料配送事業やアウトソーシング事業[4]である。農協を中心

---

[4] 札幌支店にてふらの農業協同組合から剥き玉葱の加工事業を受託している。

とする系統貨物を主とし、一部商系扱い貨物も輸送し、地域から道外・道内に出荷される農産品を輸送している。また肥飼料を道内の各地域から富良野地域拠点への輸送を行い、2千弱ある地域内農家・畜産家への個配送を行っている。

　利用運送事業（鉄道コンテナ輸送）では約4万5千トン（H29度）を道外へ発送し、その売上では野菜類・肥飼料料が78.5％を占める。貨物自動車運送事業では約4万1千トン（H29度）の肥飼料を富良野地域に移入するなど、野菜類・肥飼料売上シェアは55.9％あり、農産品輸送の依存度が非常に高い事業者である。

2）富良野地域における農産品・肥飼料の運ばれ方

　図4に富良野通運が取り扱う農産品を中心とする鉄道コンテナの発送個数、他地域から富良野に移入される肥飼料の輸送量の月別推移を示す。

　富良野で生産される野菜類は関東や関西・九州向けに移出されており、

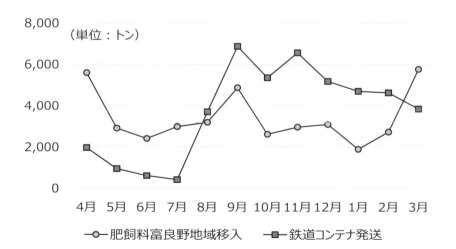

図4　富良野通運取扱数量月別推移
富良野通運データを基に作成

収穫期にあたる8月から増加し、9月〜12月にピークを迎え、保存期限が終わりに近づく3月まで大量に出荷される。鉄道コンテナを利用した移出の場合、富良野駅を起点とし、船舶で移出される場合は、トレーラーに積載され苫小牧港や小樽港まで輸送された後航送されている。

　なお、農産品を生産するために必要な物資である肥料や飼料など多くが富良野地域へも相当量移入されている。苫小牧港や小樽港までは船で大量に移送され、大型のタンクや倉庫に保管された後、オーダーに応じて商品化された後、トラックで富良野地域拠点まで移送されている。9月には秋まき小麦用肥料や年越し在庫用のピークを迎え、春先には雪解け後の施肥時期に向け、大量に富良野地域へ輸送される。また肥料年度での価格改訂時期の6月は大きく輸送が減少する。飼料は通年輸送であり安定しているが、肥料は閑散期と繁忙期では2倍から4倍の差があり、農産品の輸送同様季節による繁閑差が激しい商品でもある。

3．富良野通運の取り組みと効果の評価

　本節では富良野通運が労働生産性向上に向けて実施している取り組みである、①肥飼料輸送のシステム化による積載率向上、②富良野地域の出荷品目の一つである住宅用製材と肥飼料の輸送を組み合わせた実車率向上、③品目の季節波動に応じた車両の平準化による実働率向上、の効果と成功要因、運用面の課題などを検討する。

（1）積載率向上〜肥飼料一貫配送システム〜

1）積載率向上の取組概要

　富良野通運では、独自に「一貫肥料/飼料輸配送システム」を構築・運用し、商品引取/配送時の運行裁量権を自社側にもたせることに成功し、

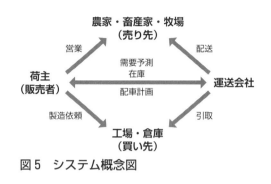

図5　システム概念図

肥飼料輸送トラックの積載率の向上を達成している。システムの概要を以下に示す（図5参照）。

①荷主（販売者）と定期的に自社蓄積データに基づいた需要予測及び自社在庫量の情報交換を行い、製品の引取実施時期を連絡する。

②荷主（販売者）は富良野通運の情報に基づき、飼料・肥料製造工場に製造を指示、製造後各工場隣接の倉庫に保管する。

③富良野通運にて各工場・倉庫から小ロット〜大ロットまでの共同引取を実施。農家・畜産家（売り先）への直送品以外は一旦富良野通運拠点に納入する。

④納入日を農家・畜産家・牧場（売り先）へ事前連絡の上、異なる荷主（販売者）の荷物を集約し共同配送を行う。

「一貫肥料/飼料輸配送システム」では、表1のとおり配車担当者が日々確認する画面に、過去配送データに基き導出された1日当たり使用量を基に、農家・畜産家など（売り先）毎及び品名毎の適切な次回配送日が表示される。使用量は現場を把握している配達ドライバーのフィードバックや、荷主（販売者）のデータを参考にし、都度更新を行う。農家・畜産家など（売り先）が同じで次回配送日が近い品目の場合は、配車担当者が柔軟に配送日を変更することにより運行回数を削減している（表1内：変更時は※で記載）。この他、拠点の在庫量も閲覧可能であり、安全在庫水準を下回る品目の引取り時期を荷主（販売者）に報告することで、荷主による製品の事前準備が可能となる。

本システムは富良野地域にて肥料・飼料を販売するほぼ全ての荷主（販

表1　納入先別配送計画表（一部抜粋：飼料）

得意先	品名	規格	納入量	日量	前々回	前回	変更	次回	次々回	オーダー	タンクNO	荷主名
X牧場	大豆粕ミール	500k	3	0.23	9月29日	10月12日	※	10月25日	11月7日	定配	3番タンク	A社
X牧場	ビートパルプ	500k	2	0.29	10月13日	10月20日	※	10月25日	11月3日	定配	4番タンク	A社
X牧場	アミノ飼料	20K	10	0.48	9月29日	10月20日		11月10日	12月1日	定配		B社
X牧場	重曹（輸入）	25K	42	1.50	8月30日	9月26日		10月25日	11月21日	連絡		C社
Y農畜産	大麦	500K	3	0.07	8月2日	9月14日		10月27日	12月9日	連絡	1番タンク	D社
Y農畜産	大豆ミール	500K	3	0.16	9月20日	10月9日	※	10月27日	11月16日	連絡	2番タンク	A社
Y農畜産	コーングルテン	500K	4	0.15	8月24日	9月20日		10月27日	11月23日	連絡	3番タンク	B社
Z牧場	混合ふすま	20K	30	1.00	9月18日	10月18日		11月17日	12月17日	連絡		E社
C牧場	綿実	30K	40	3.64	9月29日	10月10日	※	10月21日	11月1日	連絡		A社
C牧場	天日乾燥塩	25K	5	0.14	7月25日	8月29日		10月3日	11月7日	定配		F社

注：富良野通運データを基に作成

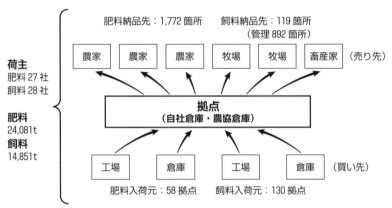

図6　参加主体・拠点数/H29
富良野通運データを基に作成

売者）を得意先としている。

　図6のとおり、平成29年時点では荷主は55社（肥料：27社、飼料：28社）である。また共同引取りを実施する工場・倉庫（買い先）は苫小牧や帯広・空知地区を中心に188拠点（肥料：58拠点、飼料：130拠点）、共同配送を実施する農家・畜産家など（売り先）の納品先は1,891拠点（肥料：1,772箇所、飼料：119箇所）である。さらに、飼料は各牧場に品目に応じた飼料タンクが複数本設置されており、そのタンク毎に消

費量を管理している（892件）。取扱品目は1,017種類（肥料：706種類、飼料：311種類）であり、荷姿は紙袋からフレコンまで多種多様である。

　本スキーム及び基幹となる情報システムは40年前から富良野通運社長（当時）自らが開発・運用し、積極的な取引先との打ち合わせによりその了解をとりつけたもので、日々の改善も含め保守管理も自社で行っている[5]。当初は一部の荷主から開始したが、自社の積載率向上の取り組みを進める上で現在は55社まで拡大した。なお、荷主（販売者）は大きく分けて「農協系」と「商社系」に分類される。富良野通運では、協力し合う部分もあるものの、ライバル関係にあたる荷主（販売者）を同一の情報システムで管理している稀有な存在である。肥飼料の販売は競争が激しく、荷主（販売者）による農家・畜産家など（売り先）への営業活動（価格交渉など）の結果、輸送品目が変わる場合もある。重要な情報でもあり、配車担当者以外はデータにアクセスできないようにし、その秘匿性も重視し運用している。

2）取組の効果

　同システムの効果を富良野通運の日報データを分析し、次の3つの観点から示す。共同引取りによる積載率の向上、共同引取り時の小ロット引取りによる効果、共同配送による積載率の向上である。

　表2は主要な引取地域である苫小牧からの運行における引取り箇所数毎の平均積載量・アイテム数・個数を表す。2箇所以上の立ち寄りが最も多く、トラック1台当たりの積載量も各車の最大積載量に近い12tから13tとなっている。1箇所からの引取りで満載にならない場合には、本システムに基づき自社主導で引取り計画を策定し、多くの品目をバランス良く組

---

[5] 横浜の大手物流事業者で業務の効率化手法やプログラミングスキルを習得、富良野通運入社後自らの発案でシステムを構築した。業務内容に合致する既存システムが見当たらないこと、費用面から社長自らが行っている。

表2　苫小牧からの共同引取り実績

引き取り先 箇所数	運行回数 （回）	構成比率	平均 積載量（t）	平均 アイテム数（種）	平均 個数（個）
1	238	29.1%	11.2	4.8	153.8
2	404	49.4%	13.1	6.9	138.6
3	153	18.7%	13.0	6.7	126.8
4	23	2.8%	12.8	6.1	115.8
計	818	100.0%	－	－	－

注：富良野通運データを基に作成

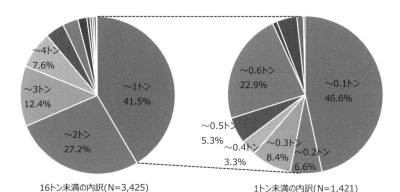

16トン未満の内訳(N=3,425)　　　　1トン未満の内訳(N=1,421)

図7　苫小牧からのロットサイズの内訳
富良野通運データを基に作成

み合わせ、トラックに無駄なスペースが発生しないよう運行している。仮に自社主導の引取り計画が出来ない場合、2箇所の場合にはトラック台数は2倍に、3箇所の場合には3倍になる。

　図7は苫小牧からの引取り輸送におけるロットサイズ別の構成比率を示す。図内左のグラフはロットサイズ16tまでの構成比率を示し、図内右のグラフは1t以下を100kg単位に細分したものである。0.1t以下の品目が46.6%を占めている。このことはロット数がわずかな場合でも共同引取りによる組み合わせが可能であり、利用の少ない品目も対応出来ている

表3　共同配送実績

荷受先箇所数	運行回数（回）	構成比率	平均積載量（t）	平均アイテム数（種）
1	211	21.6%	2.1	1.5
2	219	22.4%	6.0	6.0
3	314	32.1%	7.3	7.3
4	160	16.4%	7.8	7.8
5	63	6.4%	8.0	8.0
6	5	0.5%	8.5	8.5
7	3	0.3%	9.0	9.0
8	2	0.2%	8.3	8.3
計	977	100.0%	－	－

注：富良野通運データを基に作成

ことを示している。

　表3は富良野通運の主要拠点である布部倉庫からの配送データである。年間977回の配送作業を行っているが、1運行当たり1〜8箇所に納品している。配送エリアは片道20km程度の範囲内に多数点在し、配車担当者が本システムから配送先を抽出し配送すべき荷受先・品目・積載量を指示し総積載量が最大になるよう調整を行っている。

　なお、配送先箇所が1箇所の運行は、近隣出荷拠点への横持ちであり、別の運用に供しているトラックを利用し無駄な輸送が発生しないよう対応している。各配送先箇所数とも多くの品目を組み合わせることで、配達車両の最大積載量に近い7tから8tという効率的な配車を行っていることがわかる。

　これまで3つの観点から「一貫肥料/飼料輪配送システム」の効果を定量的に分析した。仮に、同社主導の本システムを構築・運用せずに率先した対応をとらなければ、荷主（販売者）や農家・畜産家など（売り先）の意向にのみ従い、その輸送を平準化できず多くの無駄な集荷・配送が発生

し、積載率の向上には結びつかなかったであろうことがいえよう。

　また、このシステムを採用することで、以下のとおり顧客サイドにも相互メリットの共有化が図れた。

　荷主（販売者）のメリットとしては、①在庫管理による負担の軽減、②販売機会損失リスクの低減、③小ロット品の販売機会損失リスクの低減などがある。

　農家・畜産家など（売り先）のメリットとしては、①在庫管理に伴う負担の軽減、②早期引取り制度による奨励金の還元がある。なお、②の奨励金とは、荷主（販売者）が提示する価格見直し前後の在庫圧縮のための早期引取り奨励金制度のことである。本システム活用から早期引取りを行い、農家・畜産家など（売り先）に還元される仕組み作りも行っている。

3）まとめと課題

　本項では、富良野通運が独自に開発し運用に成功している「一貫肥料/飼料輸配送システム」の仕組みを分析した。

　当該システムは、我々が実施したアンケート調査で得た生産性向上施策で、集出荷団体が実施している施策として第2位に挙げた「物流事業者との情報共有」と、物流事業者が最も効果のあった施策の第2位に挙げた「輸送波動の平準化」と関連深い[6]。

　顧客と物流事業者一体となった需要予測情報・拠点の在庫量情報の交換などはこの「一貫肥料/飼料輸配送システム」の運用の中で進められ、車両の規格に合わせた積載率向上を図る取り組みは、平準化を図る施策といえよう。この施策を推進したことにより、計画的なドライバー・車両の運

---

[6] アンケート調査の詳細については、永吉大介博士学位論文『北海道における農産品供給機能の維持増進に資する物流効率化のあり方』第3章「アンケート調査による集出荷団体・物流事業者による生産性向上施策及び効率化を進める取り組みの研究」を参照されたい。

用が組め、不必要な運行を削減し労働生産性向上に寄与している。

　この施策を進めるにあたり、効率化を進める取り組みが寄与とした点は、「経営幹部も参加した改善活動」として、富良野通運社長（当時）自らがシステム開発を進め、提案したことで顧客からの信頼を得たことや、システムを運用することで、顧客サイドにも「解決策の相互メリットの共有化」が示せたことなどがいえよう。そして、「一貫肥料/飼料輸配送システム」の重要な素地となり、「輸送波動の平準化」に寄与する新たな知見ともいえる「運行裁量権の確保」を引き寄せ、引取・配送輸送など自社の裁量に任せられることの実施を可能とした。

　「一貫肥料/飼料輸配送システム」は富良野地域での長年の実績から、豊富なデータの蓄積を持ち、年々規模を拡大し、前述の「農協系」、「商社系」の販売者双方から高く評価されている。現在、他業者にもこのシステムを展開しており、各社が展開を進めることで、全道各地域でも効率的な配送が組めることになる。

　今後の課題としては、本項で述べたシステムを開発運用したのは当時の社長であり、当該システムの継続性をもたせることが必要であり、新たなシステム構築やメンテナンスの方法も検討しなくてはならない。また、「運行裁量権の確保」には十部な顧客サイドへのメリットを出すことも継続しなければ、その権利を失う恐れがあることも注意しなければならない。

（2）実車率向上〜往復実車化〜

1）実車率向上の取組概要

　前節で言及したように、富良野には大量に肥飼料が移入される。生産地は主に、海外ではアメリカや中国、国内では山口、茨城県などである。海上輸送を経て、苫小牧港や釧路港で陸揚げされ、フレコンや20 kgロットの袋に詰められ近辺の倉庫で保管されている。

富良野地域は「北海道のへそ」といわれ、北海道の中央にある富良野から各地域までの距離は、札幌間：約 120 km、苫小牧間：約 160 km、帯広間：約 120 km であり、各地域ともほぼ日帰り圏内にある。しかしながら、一般的な引取り輸送の場合、片道を空車で輸送するため実車率は低い。

　そのため、富良野通運では富良野地域内の製材事業者から道内他地域に出荷される住宅用の製材の輸送と、肥飼料の引取り輸送を組み合わせ実車率の向上を図っている。富良野地域の製材事業者 3 社と協力し、それぞれの納品日・仕向け先（札幌・恵庭・千歳・苫小牧方面が主）のタイミングに合わせた肥飼料の引き取り輸送を行っている。製材品は長尺物でありクレーン付トラックが必要となり、宅配便利用が出来ない、しかも輸送ロットサイズが小さいことからチャーター便では運賃面で合わない、また納品日時の制約が厳しい、などの厳しい条件を伴うが、肥飼料の運行裁量権を手元に引き寄せることで、製材輸送を優先的に対応しクリアしている。

2）取組の効果

　本取り組みにより、肥飼料の引き取りに従事する車両 6 台の年間平均実車率は 78.0％であり、北海道十勝地区における同値が 66.0％ [1] であるのに対し非常に高い。

3）更なる実車率向上にむけて

　道東方面（釧路・帯広・北見）や道北方面（名寄・稚内）そして道南方面（八雲）への長距離輸送は、製材輸送の需要が少なく往復輸送の実現に至らないケースがほとんどであり、長距離の空車片道輸送を余儀なくされている。

　また、片道 3 時間以上の輸送が多く、往復輸送時、客先で荷待ち時間がある場合、「改善基準告示」で定められた 1 日あたりの拘束時間が増え、翌日以降の勤務に影響が発生する。そのため荷待ち時間が発生しないよう

早朝にドライバーが車庫を出発する、もしくは配車担当者がドライバーから待機中との連絡を受けた場合、荷主へ都度協議を行い速やかな荷役作業の要請をするなど苦労する調整を行っている。

　また、片道輸送となる地域への貨物発掘への取り組みが欠かせない。営業倉庫などを設置して、富良野を通過する貨物の中継拠点化構想など取り組みなど検討中である。ただし、倉庫建設などには莫大な資金が必要となり実現には至っていない。

　協働輸送の重要度も増し、富良野通運では中小の貨物運送事業者が加盟している日本ローカルネットワークシステム協同組合連合会の活用を強化しており、自社が得意な貨物は自社で、他社が得意な貨物は他社へ依頼するという分業制を進めている。

4）まとめと課題

　本項では、納期が優先される製材輸送と「運行裁量権を確保」し自社の裁量によって輸送可能な肥料輸送を組合せ、実車率向上を図る取り組みを分析した。

　当該システムは、我々が実施したアンケート調査で得た生産性向上施策で、集出荷団体及び物流事業者双方が今後必要な施策として第２位に挙げた「荷待ち時間の削減」と関連深い。

　更なる実車率の向上に向けた課題として、荷待ちを避けるための早朝出発や、都度荷待ちが発生しているなど労働時間削減への大きな阻害要因となっている。北海道物流の特異性である長距離輸送により、長い時間をかけ向かった先での積込場面での荷待ちは、今後の「働き方改革による労働時間の制約」が導入された場合影響が大きい。この解決には、荷役作業の事前予約システムを一般的に導入する必要があり、そのシステムによって不必要な労働時間の削減という効果が期待される。

　また、更なる実車率向上を進めるための「中継拠点化の推進」を進める

にあたり、倉庫建設資金など効率化を進める取り組みとして「資金調達能力の強化」などが寄与するであろう。「働き方改革による労働時間の制約」という重要な目的もあり、柔軟な行政の支援策が必要とされる。

更には日本ローカルネットワークシステム協働組合連合会などの加盟による「物流事業者との協働の深度化」も効果があるとされた。会への加盟が前提となるが、こうした取り組みを進めることにより、不必要な運行の削減が可能となり、「輸送波動の平準化」が更に促進されることになろう。

今後の課題としては、「荷待ち時間の削減」に向けたシステムの導入には、取引先への十分な相互メリットの共有を提示する必要がある。今後運べないという危機感もその相互メリットの共有には必要であろう。

（3）実働率向上～多用途車両の配備～

1）実働率向上の取組概要

北海道の農業生産地域において、運送事業を営む上での最大の経営課題は、農産品輸送における季節波動と肥飼料輸送における季節波動への対応であろう。図8は、富良野通運所有の平車で輸送している品目別・月別輸送量の推移である。飼料は変動がほぼないのに対して、JRコンテナ・肥

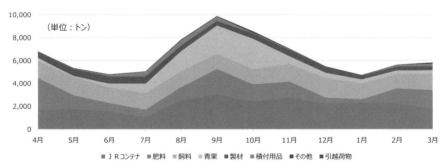

図8　輸送品目の構成
注：富良野通運データを基に作成

料・青果は季節波動が大きい。品目毎に繁閑差が激しく荷姿も変わるため、農業に携わる物流事業者の多くは、輸送機材・人材の確保に苦慮している。

富良野通運は、各品目の季節波動のピーク差に着目し、あらゆる品目・荷姿・ロットにも対応出来る車種を揃えることで実働率の向上を図っている。具体的には、同社が保有している26両の平車にクレーン、アオリ板、JRコンテナに対応する緊締装置を装備することで、さまざまな輸送品目への対応を可能にしている。農産品出荷のピークには、圃場（畑）からの玉葱や馬鈴薯を入れるミニコンテナの集荷（クレーン付トラックが必要）や、選果場から全国に向けて発送されるJRコンテナ（緊締装置が必要）の輸送もオーダーに応じ取り換え対応している。

2）取組の効果

図9は富良野通運所有のトラック1台の輸送品目の月別の構成を示している。JRコンテナが2基積載可能な車両であるが、図のとおりコンテナ輸送の発送が少ない時期には、その特性を活かし他の品目の輸送に供して

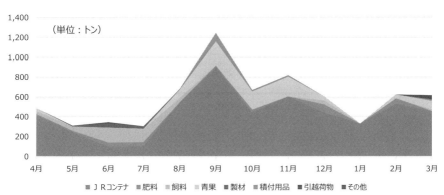

図9　3517号車の月別輸送品目構成 2017年度
注：富良野通運データを基に作成

いる。このようにあらゆる品目を輸送可能にすることで実働率の向上を図っている。

3) 更なる実働率向上に向けて

実働率向上のため最小限の保有車両での運用を前提にしており、突発的なピーク時の対応で悩まされる場合も多い。また、集荷先条件では狭い道路・庭先への進入があり、JR コンテナのオーダーは 1 個や奇数個での発注もあり車両の大型化が図りにくい。荷主側の制約もあるが苫小牧からの引取輸送などは、現在 12 t から 13 t の車両で行っているが、1 人あたりの生産性が向上するため、より大型化された 20 t が積載可能なトレーラーなどの車両で運用したいところである。

富良野通運得意先のある荷主では選果場の集約化を進めており、コンテナ 1 個積み車両ではなく、3 個積みのトレーラーによる車両の大型化に期待するところである。更なる実働率向上には、より多くの取引先のパレット化などによる荷役時間短縮により回転率を高めることも重要である。

4) まとめと課題

本項では、季節波動に合わせさまざまなオーダーに対応可能な車両を準備することにより、実働率向上を図る取り組みを分析した。

当該システムは、我々が実施したアンケート調査で得た生産性向上施策で、物流事業者が実施している施策として第 2 位に挙げた「車両の大型化」と関連深い。生産性の向上には一人あたりの輸送量を増やす運送効率の向上も必要だが、荷主の出荷条件があり未だ図れていない。課題としては条件の緩和策を荷主と相互メリットの共有化を図り検討することが必要である。また、車両の更新には効率化を進める取り組みとして挙げられた「資金調達能力の強化」も必要であり行政などの支援策の検討にも期待するところである。

４．富良野地域の物流事業者の活動にみる労働生産性向上の足掛かり

　本節では、前節で示した３つの成功している事例について、事例間の関連と取り組み全体（地域）としての改善成果を考察する。

　一般的に、農産品や肥飼料といった段ボール製品・フレコン・袋体・ミニコンテナといった荷姿が異なる品目の場合、それぞれの輸送に適した車両を増やさざるをえず、運送事業者単独で全てを輸送することは非常に難しい。富良野地域に限らず、北海道、そして、全国の農業生産地が同様な課題を抱えている。

　富良野通運では、成功している３つの事例を組み合わせることにより、最少の自社輸送機材で農産品関連商品の輸送を実現させている。富良野地域で実現している生産性向上の成果として、図 10 に肥飼料引取車の月別の復荷獲得率（主となる輸送に対し復荷が獲得できた割合）を示す。肥飼料の引き取りが一段落する６月と、年末年始で製材出荷が休止する１月は落ち込むものの、年間平均値は約６割であり、稼働の多い４〜５月、６

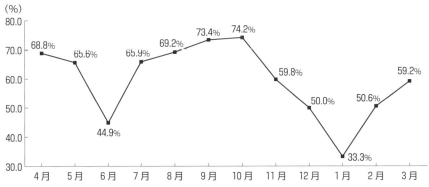

図 10　肥飼料引取車の複荷獲得率　2017 年度
注：富良野通運データを基に作成

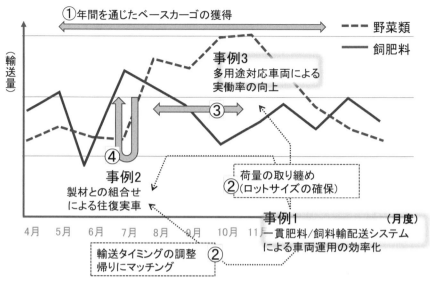

図11　各事例（取り組み）の関連（模式図）

月～10月は7割を超える。

　以下に、富良野地域での成功要因と各事例（取り組み）の関連を纏める（図11）。

①通常組み合わせることの少ない農産品の輸送と肥飼料の輸送を組合せ、年間を通じたベースカーゴを確保している。

②富良野通運が主体となり、出荷・配荷のタイミングを管理することで、（a）余剰輸送力の創出、（b）前述の実車率向上の取組成果といえる「製材との輸送タイミング」のマッチング、（c）前述の実働率向上の取組成果といえる「車両に合わせた輸送量の調整」を可能にしている。

③肥飼料の輸送ロットは小さく、共同引取・配送をしない場合10kg紙袋1個～1tフレコン程度である。これを、積載率向上の取組成果である「一貫肥料/飼料輸配送システム」により、発地1箇所あたりの引き取り量を増やし、農産品輸送のロットサイズと同レベルに引き上げている。

これにより車両の共通化及び積載率の向上が可能とした。

④、③の肥料の輸送ロットサイズの拡大は、実車率向上の取組「往復実車化への取り組み」においても活きている。製材を運搬するクレーン付トラックなどの車両に見合うだけの輸送需要に転換しており、これは、新規需要の創出になどしい成果といえよう。

5．本章のまとめと課題

本節では、本章の事例と連関の強い生産性向上施策と効率化を進める取り組みについて考察すると共に、事例研究を通じて新たにえられた効率化を進める取り組みや課題を整理し纏めとする（表4）。

（１）生産性向上施策の効果と課題

本章で分析・考察した事例と関連の強い生産性向上施策としては「物流事業者との情報共有」、「輸送波動の平準化」、「荷待ち時間の削減」、「車両」の大型化が挙げられる。情報共有により運行裁量権の確保が可能となり、車両の規格に合わせた積載の最大化や、優先度合いに応じた車両運用といった輸送波動の平準化が進められている。課題としては、情報の共有化を進める場合は秘匿性なども重要であり、更なる平準化には顧客の集荷条件の緩和などが必要であることがわかった。

「荷待ち時間の削減」、「車両の大型化」は実車率・実働率向上に寄与する施策であると判明したが、事前予約システムの導入や、出荷条件の要件緩和などの課題を解決する必要があることもわかった。

表4　生産性向上施策と効率化を進める取り組みの効果と課題

項目	項目	本章で該当する個所	効果	課題
関連する生産性向上施策	物流事業者情報共有	「一貫肥料／飼料輸配送システム」のシステムでは、製品の需要予測情報や拠点の在庫量の荷主・物流事業者一体となった情報共有化を行っている。	自社主導での引き取りから、計画的なドライバー・車両の運用が組め、不必要な運行を削減可能とした。 副次的効果：また、顧客サイドにも在庫管理の負担軽減や、販売機会損失リスクの低減がもたらされた。	情報の共有化の場合、秘匿性をその価値とすること
関連する生産性向上施策	積載率・実車率・実働率による「輸送波動の平準化」	運行裁量権を手元に引き寄せることや、さまざまなオーダーに対応可能な車両を準備していること。	車両の規格に合わせた積載の最大化と、業務の優先度合いに対応可能な運行を可能とし、またさまざまな品目への対応が可能。このことから、少ない労働者・輸送機材での業務を可能とした。	狭い箇所や、奇数個のコンテナ集荷依頼など、集荷条件により輸送波動の平準化を妨げる項目もあり、顧客側の集荷場所の拡張や、オーダーの切り方など改善が必要。
関連する生産性向上施策	荷待ち時間の削減	更なる実車率の向上に向けた課題。 (配車担当者が都度協議している)	荷役作業の事前予約のシステム化により、不必要な労働時間の削減が可能となる。	取引先との解決策の相互メリットを模索しながら、協働体制の構築にて荷役作業の事前予約システム化が必要。
関連する生産性向上施策	車両の大型化	更なる実働率向上に向けた課題。 (顧客の出荷条件により大型化が図れていないこと)	大型化することで、一人12トンで輸送していたものが20トン積載や3個積で対応出来、ドライバーが減少しても、輸送量を落とさない対応が可能となる。	出荷条件の制限があり、顧客と緩和策を検討することが必要。そのため、資金調達能力の強化や、行政による支援策も必要。
効率化を進める取り組み	経営幹部も参加した改善活動	現会長が参加し進めた改善活動である「一貫肥料／飼料輸配送システム」を組んで、顧客へ提案を行ったこと。	システム化により荷主と物流事業者との情報共有が可能となった。	継続性が必要であり、現会長の引退が迫る中、新たなシステム構築やメンテナンスの方法を検討する。
効率化を進める取り組み	解決策の相互メリットの共有	「一貫肥料／飼料輸配送システム」にて、荷主や生産者にもメリットが出るようにしている。	関係者双方にメリットが出たことにより、その輸送を任せられる運行裁量権を持つことが出来た。	システムなどで相互メリットを分かりやすく示すこと。
効率化を進める取り組み	資金調達能力の強化	更なる実車率の向上に向けた課題。 (営業倉庫や大型車両の更新には資金力が必要となること)	中継拠点化に向けた営業倉庫の設置や車両の更新・増車時の大型化などが可能となる。	行政による支援等での資金調達能力の強化。
本章で得られた効率化を進める取り組み	運行裁量権の確保	「一貫肥料／飼料輸配送システム」のシステムでは、情報の共有化や、相互メリットの共有化により、引取・配送輸送など自社の裁量に任せられている。	また、計画的な運行が可能となり、不必要な運行の削減効果につながった。 また、製材の現場配送などで納期に厳しい貨物を優先することで、複荷の獲得が出来、需要の創出につながった。	メリットを十分にしめすことが必要。
本章で得られた効率化を進める取り組み	中継拠点化の推進	更なる実働率向上に向けた課題。 (片荷はまだ解消できていないこと)	地域を通過する貨物の保管を担うことにより、車両の大型化や、運行裁量権を持つ自社貨物と組み合わせることで片荷の解消となる。また委託する会社も運行距離数の削減となる。	行政による支援等での資金調達能力の強化。
本章で得られた効率化を進める取り組み	物流事業者との協働の深度化	更なる実働率向上に向けた課題。 (片荷はまだ解消できていないこと)	日本ローカルネットワーク協働組合などとの水平分業の深度化により、不必要な運行の削減が可能。	組合等への加盟が必要。

（2）効率化を進める取り組みの効果と課題

　「物流事業者との情報共有」や「輸送波動の平準化」といった北海道の農産品輸送において施策を機能させるための取り組みとしては、「経営幹部も参加した改善活動」、「解決策の相互メリットの共有」、「資金調達能力の強化」が挙げられる。

　「経営幹部も参加した改善活動」では、富良野通運社長（当時）が進めた活動が効果を発揮してシステム化に繋がり、合わせて進めた「解決策の相互メリットの共有」が運行裁量権の確保に結び付いていることがわかった。

　また、実車率の向上を推進するために「車両の大型化」や「中継拠点化」を言及したが、「資金調達能力の強化」なども必要であることがわかった。

（3）本事例を通じて得られた効率化を進める取り組み

1）車両運行権に関する確保

　「一環肥料/飼料輸配送システム」の考察から、基本的に農業を主体とする輸送は一方通行となることから、コアとなる大量輸送に関する裁量権を物流事業者側に引き寄せ、配車・運行管理を自らの手で行うことにより復路獲得の機会を拡大することが輸送波動の平準化には必要であることがわかった。

2）中継輸送の拠点化の推進

　本章での研究から「輸送波動の平準化」に向けた知見として、富良野地域外の地域から発着し富良野地域を通過する肥料や飼料、さらには製材などの中継輸送の基地として営業倉庫などを設けることも有用であることがわかった。

3）物流事業者同士の協働体制の推進

物流事業者各社とも「働き方改革による労働時間の制約」で、労働時間をどう圧縮していくかが課題となる。そのためにはより多くの事業者が相互にその長所と短所の意見を交わし、貨物をやりとりする体制を推進する必要がある。より深度化した対応が可能な組合の存在も活用すべきだが、組合に加盟する必要があり、資格要件など確認する必要がある。

引用・参考文献

［1］永吉大介『北海道における農産品供給機能の維持増進に資する物流効率化のあり方』博士学位論文，北海商科大学，2022.9.

［2］永吉大介，相浦宣徳「農業に関連した物流における生産性向上の取り組み―北海道のへそ・富良野からの提言―」，日本物流学会誌第27号，pp171-178，2019.

［3］永吉大介，相浦宣徳，阿部秀明「新たな物流課題が農業生産地域・富良野に及ぼす影響について」，フロンティア農業経済研究第22巻第1号，pp39〜53，2019.

［4］公益社団法人北海道トラック協会『あらたな視点に立って経営を見直してみよう』，2018.3

第 5 章

北海道産農畜産物移出入の
季節特性の把握
―季節波動の解消を目的としたピークカットにむけた検討材料の提供―

1. はじめに

　北海道は、国土面積の約 2 割を占め 47 都道府県のなかで最も広い面積を有する。北海道はその広大な大地における土地利用の特長を活かし、収穫量においても馬鈴しょ、たまねぎなど全国で上位を占める作物が多い。これは、近代国家としての日本政府が「開拓使」をおき、北海道の開拓に着手した 1869 年以降、官主導による農林水産業の産業振興に由るところが大きい。そして、北海道で収穫された農畜産物は、北海道内での消費に加え、その供給先は都府県である。四方を海に囲まれている北海道からの農畜産物の移出の手段は、現在、船舶による海上輸送もしくは青函トンネル利用による鉄道貨物輸送である。産業としての農業の成立過程や輸送手段の発展など多くの点で、他の都府県と比較してその性質を異にする北海道農業には、北海道特有の課題がある。そのひとつが季節繁閑への対応である。これは、生産および収穫のみならず、食農関連産業においても流通の課題として、季節波動性の大きさから、積載効率の改善および片荷対応への必要性が指摘されていることからも明らかである。具体的な課題は以下である。北海道の主力作物である馬鈴しょやたまねぎなどの収穫期に、北海道から大量の農畜産物が消費地へ集中的に移出され輸送量が一方的に増加する。農畜産物の移出が集中するピーク時には輸送手段としてのドライバー不足の事態を招いている。ドライバー不足の解消のほか、労働環境

が改善されなければ、今後も引き続き、農畜産物の移出に必要な人員を確保することが困難となる。すなわち、北海道の農畜産物を取り巻く環境は、生産面のみならず、流通などにおいても多様な構造的課題を有しているといえる。引いては、北海道の農畜産物への需要に対する供給が滞ることとなる。これらの対応として、出荷量の多い時期に出荷量を削減するピークカットによる出荷量の平準化が提案されている。

既往研究については、北海道における農畜産物流通の季節波動性に関しては、滝沢（1978）、北海道経済部（2000）、北海道経済連合会（2018）、児玉（2019）がある。しかし、課題整理および政策提言があっても具体的な解決にはいたっていない。北海道における農畜産物の移出入問題解決の手がかりとして、研究実績の少ない流通からのさらなるアプローチは不可欠である。そこで、北海道から消費地への農畜産物の移出量がどの程度集中するのかを、最新のデータからあらためて確認することが希求されよう。

こうした背景をうけて、本論では、北海道産農畜産物の北海道外への移出輸送の季節変動平準化問題を背景として、北海道産の野菜、馬鈴しょ、たまねぎに着目し、課題解決へむけた方策を探る。方策探究のために、北海道産農畜産物の北海道内外への移出入に関する季節特性の把握を目的とする。本論の試みによって、流通全般を取り巻く諸課題の視座にたった北海道産農畜産物出荷におけるピークカット効果へ向けた方策の提言が可能となる。さらに、人口減少・少子高齢化が進行するなか、北海道における第一次産業の産業構造変化に対応する北海道産野菜の貯蔵および加工など、産業横断的なイノベーションにかかわる検討も可能となる。

2. データと方法

2.1 データ

　本分析で用いるデータは、北海道開発局開発監理部開発調査課（2022）の「1. 全道の令和2年の実績」の「品目別月別出荷量」とする。品目とは、米類、小麦、豆類、そば、野菜類、果実類、牛肉、豚肉、生乳、乳製品、でんぷん、砂糖である。本論では、目的と照らして、馬鈴しょ、たまねぎ以外の品目については品目・類別に集約し6つのカテゴリー〈①穀類（米類、小麦、豆類、そば）、②馬鈴しょ（馬鈴しょ）、③たまねぎ（たまねぎ）、④野菜類・果実類（野菜類、果実類（馬鈴しょ、たまねぎを除くその他野菜類を含む））、⑤畜産・酪農産品（牛肉、豚肉、生乳、乳製品）、⑥でんぷん・砂糖（でんぷん、砂糖））〉とする。

2.2 分析手法

　季節特性の把握には、構成比によりえらえる地域係数を援用し分析指標とする。係数は、特化係数、集中化係数、専門化係数を用いる。それぞれの係数について以下に概説する[1]。

　r 品目の i 月の原データは（X_r^i）、r 品目の計は（$\bar{X}_r = \Sigma_i X_r^i$）、$i$ 月の全作物の計は（$\bar{X}^i = \Sigma_r X_r^i$）、全道全品目年間の計は（$X$）である。

1) 特化係数

　r 品目の i 月の特化係数（C_r^i）は、全品目における i 月の構成比（$\bar{X}^i/$

---

[1] 各係数についての詳細は、山口誠（1987）「地域開発計画のための経済分析手法—3—」『産業立地』26（8），pp.50-58. を参照されたい。

X）で、r 品目における i 月の構成比（$X_r^i/\bar{X}_r$）を除して求める。

$$C_\gamma^i = \left(X_r^i/\bar{X}_r\right)/\left(\bar{X}^i/X\right)$$

1.00 より大きいか否かによって、品目の特徴的な構成（特化度）を判断する簡便法である。

2）集中化係数

移出入時期が集中しているか否かの判断に用いる。

i 月の集中化係数（CC^i）は、i 月の構成比（$X_r^i/\bar{X}^i$）と年間の品目構成比（$\bar{X}_r/X$）の差の絶対値を全品目について加算し、さらにその加算値を 1/2 とした値である。

1.00 に近いほど、特定の時期に出荷が集中しており、0.00 に近いほど特定の時期には出荷は集中していないことを意味する。

$$CC^i = \frac{1}{2}\sum_{r=1}^{n}\left|\frac{X_r^i}{\bar{X}^i} - \frac{\bar{X}_r}{X}\right|$$

3）専門化係数

ある品目において、特定の時期への専門化が進んでいるか否かの判断に用いる。

r 品目の専門化係数（SC_r）は、r 品目における i 月の構成比（$X_r^i/\bar{X}_r$）と全道における i 月の構成比（$\bar{X}^i/X$）の差の絶対値について加算し、さらにその加算値を 1/2 した値である。

1.00 に近いほど、当該品目の出荷時期は特定（専門）化されており、0.00 に近いほど当該品目の出荷時期は特定（専門）化されていないことを意味する。

$$SC_r = \frac{1}{2} \sum_{i=1}^{12} \left| \frac{X_r^i}{\bar{X}_r} - \frac{\bar{X}^i}{X} \right|$$

3．分析結果と考察

3.1　分析データの集計結果

　分析に用いたデータの集計結果（北海道産の農畜産物および加工品の道内外別月別出荷量実績（全道・2020 年））を表 1 および図 1 から図 6 に示す。

　穀類、馬鈴しょ、たまねぎ、野菜類・果実類：一部の時期を除きおおむね年間を通して道外向け出荷量が道内向け出荷量を上回っている。道内外ともに 9 月および 10 月が集荷量のピークである。

　畜産・酪農産品：年間を通して、道内向け出荷量が道外の出荷量を上回っている。集荷量のピーク時期は特にみられない。

　でんぷん・砂糖：年間を通して、道外向け出荷量は道内向け出荷量を上回っている。道内向け集荷量は、年間を通して平準であるが、道外向け出荷量は時期によって多寡がみられる。

3.2　係数の算定結果

1）特化係数（道内向け）

　係数の算定結果を表 2 および図 7 から図 12 に示す。

　穀類：最も値が高い月は 9 月で、他の時期と比較してこの時期（9 月）が突出している。

　馬鈴しょ：最も値が高い月は 10 月で、その前の月（9 月）も高い。

表1　北海道産の農畜産物および加工品の道内外別月別出荷量実績（全道・2020年）

単位：t

品目・類別	区分	1月	2月	3月	4月	5月	6月
穀類	道内	10,281.4	11,491.9	15,397.8	13,259.8	12,231.2	18,560.6
	道外	39,246.9	55,197.5	81,059.8	50,339.7	52,935.5	58,624.5
	計	49,528.3	66,689.4	96,457.6	63,599.5	65,166.7	77,185.1
馬鈴しょ	道内	6,821.3	5,503.3	5,986.3	4,981.6	5,819.5	3,631.2
	道外	23,621.9	24,908.1	26,725.4	22,262.4	11,516.3	5,772.3
	計	30,443.2	30,411.4	32,711.7	27,244.0	17,335.8	9,403.5
たまねぎ	道内	7,324.8	13,769.9	12,586.8	6,497.5	3,193.1	2,185.8
	道外	47,699.5	45,287.9	43,604.2	31,791.9	7,127.2	1,283.6
	計	55,024.3	59,057.8	56,191.0	38,289.4	10,320.3	3,469.4
野菜類・果実類	道内	2,044.4	2,035.7	1,865.7	3,417.5	4,733.3	12,182.3
	道外	2,575.7	1,611.7	2,139.4	3,809.1	3,666.8	9,793.5
	計	4,620.1	3,647.4	4,005.1	7,226.6	8,400.1	21,975.8
畜産・酪農産品	道内	310,836.3	332,009.8	330,225.9	326,776.8	333,954.8	316,083.0
	道外	90,622.7	87,143.1	85,911.7	83,881.5	95,387.8	103,513.3
	計	401,459.0	419,152.9	416,137.6	410,658.3	429,342.6	419,596.3
でんぷん・砂糖	道内	6,047.3	5,999.4	7,486.6	7,641.0	5,337.4	6,199.8
	道外	49,867.0	49,421.8	63,292.3	63,488.3	46,967.6	62,890.1
	計	55,914.3	55,421.2	70,778.9	71,129.3	52,305.0	69,089.9
合計	道内	343,355.5	370,810.0	373,549.1	362,574.2	365,269.2	358,842.7
	道外	253,633.7	263,570.1	302,732.8	255,572.9	217,601.2	241,877.3
	計	596,989.2	634,380.1	676,281.9	618,147.1	582,870.4	600,720.0

品目・類別	区分	7月	8月	9月	10月	11月	12月	合計
穀類	道内	21,806.3	20,072.7	76,947.2	23,796.5	14,350.1	11,213.9	249,409.3
	道外	64,208.5	50,139.0	154,472.3	50,974.6	46,135.8	48,739.5	752,073.6
	計	86,014.8	70,211.7	231,419.5	74,771.1	60,485.9	59,953.4	1,001,482.9
馬鈴しょ	道内	2,050.9	6,556.7	29,961.5	30,758.4	11,595.7	7,787.0	121,453.4
	道外	5,626.2	27,826.9	49,857.3	42,963.3	38,198.2	28,822.5	308,100.8
	計	7,677.1	34,383.6	79,818.8	73,721.7	49,793.9	36,609.5	429,554.2
たまねぎ	道内	1,825.5	3,854.7	5,498.3	16,021.5	12,204.5	12,619.9	97,582.3
	道外	756.7	45,406.2	62,707.8	73,210.8	64,612.5	56,991.7	480,480.0
	計	2,582.2	49,260.9	68,206.1	89,232.3	76,817.0	69,611.6	578,062.3
野菜類・果実類	道内	27,513.0	31,532.3	32,733.7	26,737.4	12,406.8	5,014.4	162,216.5
	道外	33,504.8	68,556.5	71,562.3	53,430.5	12,309.8	4,899.1	267,859.2
	計	61,017.8	100,088.8	104,296.0	80,167.9	24,716.6	9,913.5	430,075.7
畜産・酪農産品	道内	315,907.5	313,021.9	275,972.9	295,877.4	294,974.5	321,895.8	3,767,536.5
	道外	107,336.9	104,607.6	104,505.5	114,586.0	103,125.2	93,180.4	1,173,801.7
	計	423,244.4	417,629.5	380,478.4	410,463.4	398,099.7	415,076.2	4,941,338.2
でんぷん・砂糖	道内	7,121.0	5,499.3	6,996.4	7,655.5	8,184.8	7,135.1	81,303.6
	道外	60,942.8	44,625.0	69,199.6	63,082.2	59,552.7	62,705.7	696,035.1
	計	68,063.8	50,124.3	76,196.0	70,737.7	67,737.5	69,840.8	777,338.7
合計	道内	376,224.2	380,537.6	428,109.9	400,846.7	353,716.4	365,666.0	4,479,501.6
	道外	272,375.9	341,161.2	512,304.8	398,247.4	323,934.2	295,338.9	3,678,350.4
	計	648,600.1	721,698.8	940,414.7	799,094.1	677,650.6	661,004.9	8,157,852.0

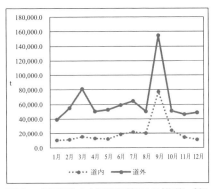

図1　月別道内外別出荷量の推移（穀類）

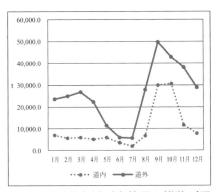

図2　月別道内外別出荷量の推移（馬鈴しょ）

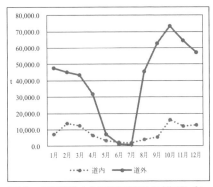

図3　月別道内外別出荷量の推移（たまねぎ）

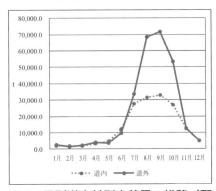

図4　月別道内外別出荷量の推移（野菜類・果実類）

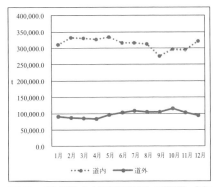

図5　月別道内外別出荷量の推移（畜産・酪農産品）

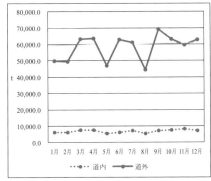

図6　月別道内外別出荷量の推移（でんぷん・砂糖）

表2 係数の算定結果（道内）

単位：t

品目・類別		1月	構成比	2月	構成比	3月	構成比	4月	構成比	5月	構成比	6月	構成比
穀類		10,281.4	4.1%	11,491.9	4.6%	15,397.8	6.2%	13,259.8	5.3%	12,231.2	4.9%	18,560.6	7.4%
	構成比	3.0%	0.54	3.1%	0.56	4.1%	0.74	3.7%	0.66	3.3%	0.60	5.2%	0.93
馬鈴しょ		6,821.3	5.6%	5,503.3	4.5%	5,986.3	4.9%	4,981.6	4.1%	5,819.5	4.8%	3,631.2	3.0%
	構成比	2.0%	0.73	1.5%	0.55	1.6%	0.59	1.4%	0.51	1.6%	0.59	1.0%	0.37
たまねぎ		7,324.8	7.5%	13,769.9	14.1%	12,586.8	12.9%	6,497.5	6.7%	3,193.1	3.3%	2,185.8	2.2%
	構成比	2.1%	0.98	3.7%	1.70	3.4%	1.55	1.8%	0.82	0.9%	0.40	0.6%	0.28
野菜類・果実類		2,044.4	1.3%	2,035.7	1.3%	1,865.7	1.2%	3,417.5	2.1%	4,733.3	2.9%	12,182.3	7.5%
	構成比	0.6%	0.16	0.5%	0.15	0.5%	0.14	0.9%	0.26	1.3%	0.36	3.4%	0.94
畜産・酪農産品		310,836.3	8.3%	332,009.8	8.8%	330,225.9	8.8%	326,776.8	8.7%	333,954.8	8.9%	316,083.0	8.4%
	構成比	90.5%	1.08	89.5%	1.06	88.4%	1.05	90.1%	1.07	91.4%	1.09	88.1%	1.05
でんぷん・砂糖		6,047.3	7.4%	5,999.4	7.4%	7,486.6	9.2%	7,641.0	9.4%	5,337.4	6.6%	6,199.8	7.6%
	構成比	1.8%	0.97	1.6%	0.89	2.0%	1.10	2.1%	1.16	1.5%	0.81	1.7%	0.95
合計		343,355.5	7.7%	370,810.0	8.3%	373,549.1	8.3%	362,574.2	8.1%	365,269.2	8.2%	358,842.7	8.0%
	構成比	100.0%	-	100.0%	-	100.0%	-	100.0%	-	100.0%	-	100.0%	-
集中化係数		0.06		0.07		0.06		0.06		0.07		0.04	

品目・類別		7月	構成比	8月	構成比	9月	構成比	10月	構成比	11月	構成比	12月	構成比	計	構成比	専門化係数
穀類		21,806.3	8.7%	20,072.7	8.0%	76,947.2	30.9%	23,796.5	9.5%	14,350.1	5.8%	11,213.9	4.5%	249,409.3	100%	0.22
	構成比	5.8%	1.04	5.3%	0.95	18.0%	3.23	5.9%	1.07	4.1%	0.73	3.1%	0.55	5.6%	-	
馬鈴しょ		2,050.9	1.7%	6,556.7	5.4%	29,961.5	24.7%	30,758.4	25.3%	11,595.7	9.5%	7,787.0	6.4%	121,453.4	100%	0.33
	構成比	0.5%	0.20	1.7%	0.64	7.0%	2.58	7.7%	2.83	3.3%	1.21	2.1%	0.79	2.7%	-	
たまねぎ		1,825.5	1.9%	3,854.7	4.0%	5,498.3	5.6%	16,021.5	16.4%	12,204.5	12.5%	12,619.9	12.9%	97,582.3	100%	0.27
	構成比	0.5%	0.22	1.0%	0.46	1.3%	0.59	4.0%	1.83	3.5%	1.58	3.5%	1.58	3.6%	-	
野菜類・果実類		27,513.0	17.0%	31,532.3	19.4%	32,733.7	20.2%	26,737.4	16.5%	12,406.8	7.6%	5,014.4	3.1%	162,216.5	100%	0.38
	構成比	7.3%	2.02	8.3%	2.29	7.6%	2.11	6.7%	1.84	3.5%	0.97	1.4%	0.38	3.6%	-	
畜産・酪農産品		315,907.5	8.4%	313,021.9	8.3%	275,972.9	7.3%	295,877.4	7.9%	294,974.5	7.8%	321,895.8	8.5%	3,767,536.5	100%	0.04
	構成比	84.0%	1.00	82.3%	0.98	64.5%	0.77	73.8%	0.88	83.4%	0.99	88.0%	1.05	84.1%	-	
でんぷん・砂糖		7,121.0	8.8%	5,499.3	6.8%	6,996.4	8.6%	7,655.5	9.4%	8,184.8	10.1%	7,135.1	8.8%	81,303.6	100%	0.06
	構成比	1.9%	1.04	1.4%	0.80	1.6%	0.90	1.9%	1.05	2.3%	1.27	2.0%	1.08	1.8%	-	
合計		376,224.2	8.4%	380,537.6	8.5%	428,109.9	9.6%	400,846.7	8.9%	353,716.4	7.9%	365,666.0	8.2%	4,479,501.6	100%	
	構成比	100.0%	-	100.0%	-	100.0%	-	100.0%	-	100.0%	-	100.0%	-	100.0%	-	
集中化係数		0.04		0.05		0.21		0.10		0.02		0.05				

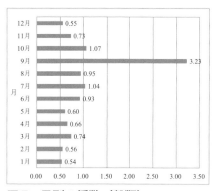

図 7　月別の係数（穀類）

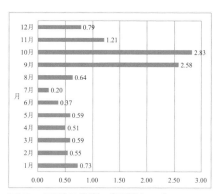

図 8　月別の係数（馬鈴しょ）

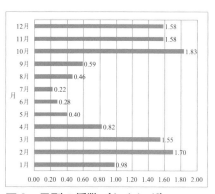

図 9　月別の係数（たまねぎ）

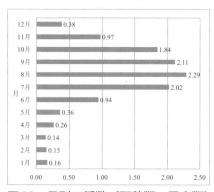

図 10　月別の係数（野菜類・果実類）

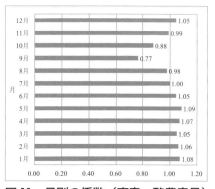

図 11　月別の係数（畜産・酪農産品）

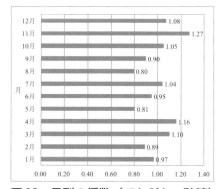

図 12　月別の係数（でんぷん・砂糖）

たまねぎ：1.00 を上回る月は、2月、3月、10月、11月、12月である。

野菜類・果実類：1.00 を上回る月は、7月、8月、9月、10月である。

　高い月の値と低い月の値の差が大きい。

畜産・酪農産品：高い月の値と低い月の値の差は小さい。

でんぷん・砂糖：他の品目と比較して季節による差異はみられない。

　これらの結果をみると、一次加工された畜産・酪農産品については、高い月の値と低い月の値の差が小さい。同じ一次加工された産品のでんぷん・砂糖についても、季節的変動はみられない。畜産・酪農産品およびでんぷん・砂糖以外の品目では、高い月の値と低い月の値の差が大きい。

2）特化係数（道外向け）

分析結果を表3および図13から図18に示す。

穀類：最も値が高い月は9月で、2月から7月までの（4月を除く）時期も1.00を上回っている。

馬鈴しょ：6月および7月が、他の月と比較して著しく低い。

たまねぎ：5月から7月が、他の月と比較して著しく低い。

野菜類・果実類：7月から10月までが1.00を上回っている。高い月の値と低い月の値の差が大きい。

畜産・酪農産品：高い月の値と低い月の値の差は小さい。

でんぷん・砂糖：他の品目と比較して季節による差異はみられない。

　これらの結果をみると、道内向け特化係数同様一次加工された畜産・酪農産品については、高い月の値と低い月の値の差が小さい。同じ一次加工された産品のでんぷん・砂糖についても、季節的変動よる特徴はみられない。畜産・酪農産品およびでんぷん・砂糖以外の品目では、高い月の値と低い月の値の差が大きいことがわかる。

表 3　係数の算定結果（道外）

単位：t

品目・類別		1月	構成比	2月	構成比	3月	構成比	4月	構成比	5月	構成比	6月	構成比
穀類		39,246.9	5.2%	55,197.5	7.3%	81,059.8	10.8%	50,339.7	6.7%	52,935.5	7.0%	58,624.5	7.8%
	構成比	15.5%	0.76	20.9%	1.02	26.8%	1.31	19.7%	0.96	24.3%	1.19	24.2%	1.19
馬鈴しょ		23,621.9	7.7%	24,908.1	8.1%	26,725.4	8.7%	22,262.4	7.2%	11,516.3	3.7%	5,772.3	1.9%
	構成比	9.3%	1.11	9.5%	1.13	8.8%	1.05	8.7%	1.04	5.3%	0.63	2.4%	0.28
たまねぎ		47,699.5	9.9%	45,287.9	9.4%	43,604.2	9.1%	31,791.9	6.6%	7,127.2	1.5%	1,283.6	0.3%
	構成比	18.8%	1.44	17.2%	1.32	14.4%	1.10	12.4%		3.3%	0.25	0.5%	0.04
野菜類・果実類		2,575.7	1.0%	1,611.7	0.6%	2,139.4	0.8%	3,809.1	1.4%	3,666.8	1.4%	9,793.5	3.7%
	構成比	1.0%	0.14	0.6%	0.08	0.7%	0.10	1.5%	0.20	1.7%	0.23	4.0%	0.56
畜産・酪農産品		90,622.7	7.7%	87,143.1	7.4%	85,911.7	7.3%	83,881.5	7.1%	95,387.8	8.1%	103,513.3	8.8%
	構成比	35.7%	1.12	33.1%	1.04	28.4%	0.89	32.8%	1.03	43.8%	1.37	42.8%	1.34
でんぷん・砂糖		49,867.0	7.2%	49,421.8	7.1%	63,292.3	9.1%	63,488.3	9.1%	46,967.6	6.7%	62,890.1	9.0%
	構成比	19.7%	1.04	18.8%	0.99	20.9%	1.10	24.8%	1.31	21.6%	1.14	26.0%	1.37
合計		253,633.7	6.9%	263,570.1	7.2%	302,732.8	8.2%	255,572.9	6.9%	217,601.2	5.9%	241,877.3	6.6%
	構成比	100.0%	-	100.0%	-	100.0%	-	100.0%	-	100.0%	-	100.0%	-
集中化係数		0.11		0.07		0.10		0.07		0.18		0.22	

品目・類別		7月	構成比	8月	構成比	9月	構成比	10月	構成比	11月	構成比	12月	構成比	計	構成比	専門化係数
穀類		64,208.5	8.5%	50,139.0	6.7%	154,472.3	20.5%	50,974.6	6.8%	46,135.8	6.1%	48,739.5	6.5%	752,073.6	100%	
	構成比	23.6%	1.15	14.7%	0.72	30.2%	1.47	12.8%	0.63	14.2%	0.70	16.5%	0.81	20.4%	-	0.13
馬鈴しょ		5,626.2	1.8%	27,826.9	9.0%	49,857.3	16.2%	42,963.3	13.9%	38,198.2	12.4%	28,822.5	9.4%	308,100.8	100%	
	構成比	2.1%	0.25	8.2%	0.97	9.7%	1.16	10.8%	1.29	11.8%	1.41	9.8%	1.17	8.4%	-	0.13
たまねぎ		756.7	0.2%	45,406.2	9.5%	62,707.8	13.1%	73,210.8	15.2%	64,612.5	13.4%	56,991.7	11.9%	480,480.0	100%	
	構成比	0.3%	0.02	13.3%	1.02	12.2%	0.94	18.4%	1.41	19.3%	1.53	19.3%	1.48	13.1%	-	0.19
野菜類・果実類		33,504.8	12.5%	68,556.5	25.6%	71,562.3	26.7%	53,430.5	19.9%	12,309.8	4.6%	4,899.1	1.8%	267,859.2	100%	
	構成比	12.3%	1.69	20.1%	2.76	14.0%	1.92	13.4%	1.84	3.8%	0.52	1.7%	0.23	7.3%	-	0.43
畜産・酪農産品		107,336.9	9.1%	104,607.6	8.9%	104,505.5	8.9%	114,586.0	9.8%	103,125.2	8.8%	93,180.4	7.9%	1,173,801.7	100%	
	構成比	39.4%	1.23	30.7%	0.96	20.4%	0.64	28.8%	0.90	31.8%	1.00	31.6%	0.99	31.9%	-	0.07
でんぷん・砂糖		60,942.8	8.8%	44,625.0	6.4%	69,199.6	9.9%	63,082.2	9.1%	59,552.7	8.6%	62,705.7	9.0%	696,035.1	100%	
	構成比	22.4%	1.18	13.1%	0.69	13.5%	0.71	15.8%	0.84	18.4%	0.97	21.2%	1.12	18.9%	-	0.09
合計		272,375.9	7.4%	341,161.2	9.3%	512,304.8	13.9%	398,247.4	10.8%	323,934.2	8.8%	295,338.9	8.0%	3,678,350.4	100%	
	構成比	100.0%	-	100.0%	-	100.0%	-	100.0%	-	100.0%	-	100.0%	-	100.0%	-	
集中化係数		0.19		0.13		0.18		0.14		0.10		0.10				

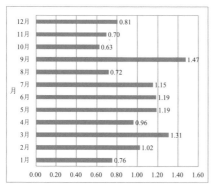

図13　月別の係数（穀類）

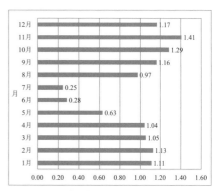

図14　月別の係数（馬鈴しょ）

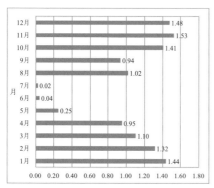

図15　月別の係数（たまねぎ）

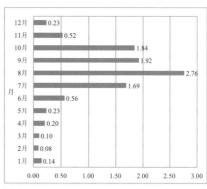

図16　月別の係数（野菜類・果実類）

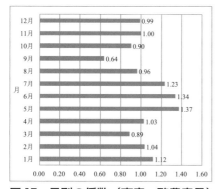

図17　月別の係数（畜産・酪農産品）

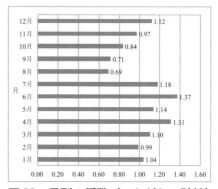

図18　月別の係数（でんぷん・砂糖）

3）専門化係数

　分析結果を図 19 に示す。野菜類・果実類の値が道内向けおよび道外向けともに高く、畜産・酪農産品、でんぷん・砂糖の値が道向けおよび道外向けともに低い。なお、馬鈴しょは、他の品目と比較して道内と道外の値の差が大きい。

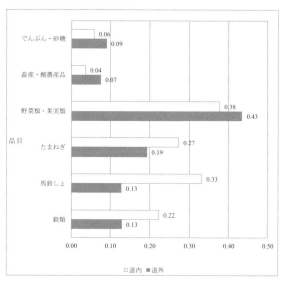

図 19　品目別専門化係数

3.3　考察と試算

1）考察

　分析結果を踏まえて考察および試算を加える。

　農畜産物の生産は、気象、地形、土壌、植生など自然環境に支配されている。このため、早採りや遅採りなど収穫時期を多少転置させることは可能であっても、工業製品のごとく、計画的かつ人為的コントロールは、現在の技術では限界がある。さらに、農畜産物は腐食性が高く、品質を保持

する技術なしでは、長期の備蓄および輸送は妥当ではない。しかし、こうした農畜産物を取り巻く生育環境、生産環境であっても、貯蔵、保存、加工によって、食糧としての価値を維持することは可能である。季節波動の解消を目的としたピークカット方策としては、現在の技術では、この貯蔵、保存、加工が有効な手段のひとつといえる。

2）試算

前節までの分析結果および考察を受けて以下が導出される。生乳および乳製品にみられるように、道外向けの産品を道内において一次加工、もしくは、収穫期以外の期に貯蔵等に振り分けるなどによって北海道外への移出輸送の季節変動は平準化されることは自明である。そこで、季節波動の解消を目的としたピークカット方策の一つとして以下の算定を試みる。

2-1）試算の条件

北海道産の代表的野菜として、馬鈴しょおよびたまねぎに限定し、出荷時期の調整として9月から12月についてのみ道外出荷量の均一を想定する。具体的には、9月から12月までの4か月分の道外向けを均一（4か月分の合計値を4か月で除した値）に出荷するもとする。道外向け出荷量の現状および想定を表4、表5に示す。そのうえで、道外向け専門化係数を試算する。

表 4　道外向け出荷量（現状）　　　　　　　　　　（単位：t）

品目	9 月	10 月	11 月	12 月	4 か月計
馬鈴しょ	49,857.3	42,963.3	38,198.2	28,822.5	159,841.3
たまねぎ	62,707.8	73,210.8	64,612.5	56,991.7	257,522.8

 4 か月分の出荷量を均一化し平準化を想定

表 5　道外向け出荷量（想定）　　　　　　　　　　（単位：t）

品目	9 月	10 月	11 月	12 月	4 か月計
馬鈴しょ	39,960.3	39,960.3	39,960.3	39,960.3	159,841.3
たまねぎ	64,380.7	64,380.7	64,380.7	64,380.7	257,522.8

　分析結果を表 6 および図 20 から図 25 に、専門化係数試算結果の比較を図 26 に、専門化係数の現状および試算結果の比較を表 7 にそれぞれ示す。

2-2）専門化係数の試算結果

　9 月は現状 0.18 から試算結果 0.17 に 0.01 ポイント減少した。10 月については、現状 0.14 から試算結果 0.12 に 0.02 ポイント減少した。一方、11 月は現状 0.10 から試算結果 0.11 に 0.01 ポイント増加した。12 月については、現状 0.10 から試算結果 0.13 に 0.03 ポイント増加した。すなわち、9 月 -10 月期の減少分が 11 月 -12 月期に分散させた結果をえた。出荷量の均一を想定した出荷時期の平準化は、季節波動の解消に資することがわかる。

表6 係数の試算結果（道外）

単位：t

品目・類別		1月	構成比	2月	構成比	3月	構成比	4月	構成比	5月	構成比	6月	構成比
穀類		39,246.9	5.2%	55,197.5	7.3%	81,059.8	10.8%	50,339.7	6.7%	52,935.5	7.0%	58,624.5	7.8%
	構成比	15.5%	0.76	20.9%	1.02	26.8%	1.31	19.7%	0.96	24.3%	1.19	24.2%	1.19
馬鈴しょ		23,621.9	7.7%	24,908.1	8.1%	26,725.4	8.7%	22,262.4	7.2%	11,516.3	3.7%	5,772.3	1.9%
	構成比	9.3%	1.11	9.5%	1.13	8.8%	1.05	8.7%	1.04	5.3%	0.63	2.4%	0.28
たまねぎ		47,699.5	9.9%	45,287.9	9.4%	43,604.2	9.1%	31,791.9	6.6%	7,127.2	1.5%	1,283.6	0.3%
	構成比	18.8%	1.44	17.2%	1.32	14.4%	1.10	12.4%	0.95	3.3%	0.25	0.5%	0.04
野菜類・果実類		2,575.7	1.0%	1,611.7	0.6%	2,139.4	0.8%	3,809.1	1.4%	3,666.8	1.4%	9,793.5	3.7%
	構成比	1.0%	0.14	0.6%	0.08	0.7%	0.10	1.5%	0.20	1.7%	0.23	4.0%	0.56
畜産・酪農産品		90,622.7	7.7%	87,143.1	7.4%	85,911.7	7.3%	83,881.5	7.1%	95,387.8	8.1%	103,513.3	8.8%
	構成比	35.7%	1.12	33.1%	1.04	28.4%	0.89	32.8%	1.03	43.8%	1.37	42.8%	1.34
でんぷん・砂糖		49,867.0	7.2%	49,421.8	7.1%	63,292.3	9.1%	63,483.3	9.1%	46,967.6	6.7%	62,890.1	9.0%
	構成比	19.7%	1.04	18.8%	0.99	20.9%	1.10	24.8%	1.31	21.6%	1.14	26.0%	1.37
合計		253,633.7	6.9%	263,570.1	7.2%	302,732.8	8.2%	255,572.9	6.9%	217,601.2	5.9%	241,877.3	6.6%
	構成比	100.0%	-	100.0%	-	100.0%	-	100.0%	-	100.0%	-	100.0%	-
集中化係数		0.11		0.07		0.10		0.07		0.18		0.22	

品目・類別		7月	構成比	8月	構成比	9月	構成比	10月	構成比	11月	構成比	12月	構成比	計	構成比	専門化係数
穀類		64,208.5	8.5%	50,139.0	6.7%	154,472.3	20.5%	50,974.6	6.8%	46,135.8	6.1%	48,739.5	6.5%	752,073.6	100%	0.13
	構成比	23.6%	1.15	14.7%	0.72	30.6%	1.50	13.2%	0.65	14.2%	0.69	15.5%	0.76	20.4%	-	
馬鈴しょ		5,626.2	1.8%	27,826.9	9.0%	39,960.3	13.0%	39,960.3	13.0%	39,960.3	13.0%	39,960.3	13.0%	308,100.8	100%	0.13
	構成比	2.1%	0.25	8.2%	0.97	7.9%	0.95	10.3%	1.23	12.3%	1.47	12.7%	1.52	8.4%	-	
たまねぎ		756.7	0.2%	45,406.2	9.5%	64,380.7	13.4%	64,380.7	13.4%	64,380.7	13.4%	64,380.7	13.4%	480,480.0	100%	0.19
	構成比	0.3%	0.02	13.3%	1.02	12.8%	0.98	16.7%	1.28	19.8%	1.51	20.5%	1.57	13.1%	-	
野菜類・果実類		33,504.8	12.5%	68,556.5	25.6%	71,562.3	26.7%	53,430.5	19.9%	12,309.8	4.6%	4,899.1	1.8%	267,859.2	100%	0.44
	構成比	12.3%	1.69	20.1%	2.76	14.2%	1.95	13.8%	1.90	3.8%	0.52	1.6%	0.21	7.3%	-	
畜産・酪農産品		107,336.9	9.1%	104,607.6	8.9%	104,505.5	8.9%	114,586.0	9.8%	103,125.2	8.8%	93,180.4	7.9%	1,173,801.7	100%	0.07
	構成比	39.4%	1.23	30.7%	0.96	20.7%	0.65	29.7%	0.93	31.7%	0.99	29.7%	0.93	31.9%	-	
でんぷん・砂糖		60,942.8	8.8%	44,625.0	6.4%	69,199.6	9.9%	63,082.2	9.1%	59,552.7	8.6%	62,705.7	9.0%	696,035.1	100%	0.08
	構成比	22.4%	1.18	13.1%	0.69	13.7%	0.73	16.3%	0.86	18.3%	0.97	20.0%	1.06	18.9%	-	
合計		272,375.9	7.4%	341,161.2	9.3%	504,080.7	13.7%	386,414.3	10.5%	325,464.5	8.8%	313,865.7	8.5%	3,678,350.4	100%	
	構成比	100.0%	-	100.0%	-	100.0%	-	100.0%	-	100.0%	-	100.0%	-	100.0%	-	
集中化係数		0.19		0.13		0.17		0.12		0.11		0.13				

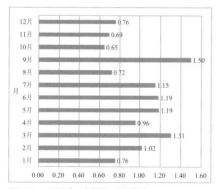

図 20　月別の係数（穀類）

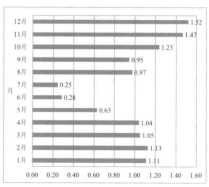

図 21　月別の係数（馬鈴しょ）

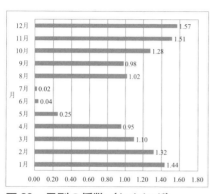

図 22　月別の係数（たまねぎ）

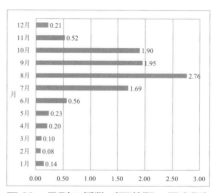

図 23　月別の係数（野菜類・果実類）

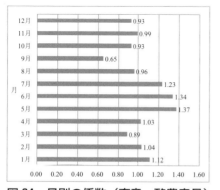

図 24　月別の係数（畜産・酪農産品）

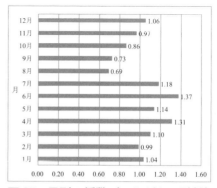

図 25　月別の係数（でんぷん・砂糖）

141

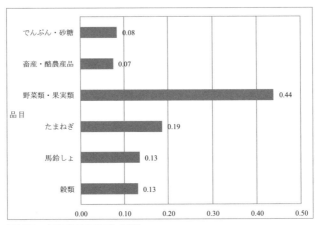
図 26　品目別専門化係数

表 7　専門化係数の現状および試算結果の比較

月	1 月	2 月	3 月	4 月	5 月	6 月	7 月	8 月	9 月	10 月	11 月	12 月
現状	0.11	0.07	0.10	0.07	0.18	0.22	0.19	0.13	0.18	0.14	0.10	0.10
試算結果	0.11	0.07	0.10	0.07	0.18	0.22	0.19	0.13	0.17	0.12	0.11	0.13

4．本章のまとめ

　本章では、北海道産農畜産物の北海道外への移出輸送の季節変動平準化問題を背景として、北海道産野菜に着目し、課題解決へむけた方策を探った。方策探究にあたり北海道産農畜産物の北海道内外への移出入に関する季節特性の把握を目的とした。現状の把握および試算の結果、以下の点が明らかとなった。

・現状では、北海道産農畜産物のうち、畜産・酪農産品およびでんぷん・砂糖などの一次加工品の北海道外への移出入に関する季節波動は小さい。それ以外の農産物の北海道外への移出入に関する季節波動は大きい。特に、馬鈴しょおよびたまねぎの北海道外への移出入に関する季節波動は大きい。

・季節波動の解消を目的としたピークカット方策の一つとして、馬鈴しょおよびたまねぎに限定し、出荷時期の調整として 9 月から 12 月についてのみ道外出荷量の均一を想定した算定を試みた。試算の結果、9 月-10 月期の減少分が 11 月-12 月期に分散させた結果をえた。出荷量の均一を想定した出荷時期の平準化は、季節波動の解消に資することがわかった。

なお、ピークカットにより発現することが期待される波及的効果には以下がある。

〈生産者〉

①ピークカット・平準化等によりピーク期の出荷量は減少するとともに、平均単価の上昇が期待されるため、取扱金額は現状維持ないし微増する可能性が高い。

②ピーク期の出荷量の減少は、貯蔵等を通じた出荷時期の調整と加工への転用によりカバーされるので生産調整せずに対応可能である。

③運賃コストへの軽減効果も十分期待される可能性がある。

〈物流事業者〉

①ピークカット・平準化等により、ドライバー不足によるトラック輸送能力低下を回避できる。

②繁閑差の縮小により稼働率も向上し、輸送コスト負担軽減、収益性向上が期待できる。

③鉄道貨物においても、繁閑調整が図られ、空きコンテナ回送を減少でき、運行の効率化が期待できる。

〈食品製造業〉

道内における食品製造業（新たな食品加工分野）の増加が期待されると

ともに、アグリビジネス製造業の集積や高付加価値化の進展が期待される。

残された課題は以下である。

北海道産の農畜産物のうち、一部畜産物を除く農産物の多くが、貯蔵性の高い加工向け原材料である。ところが、貯蔵、保存、加工がそれほど進まず、季節波動の解消には至っていない。その要因のひとつは、貯蔵、保存、加工に多額の費用を要することに由るものと考えられる。

さらに、その費用を、農畜産物流通のステークフォルダーの誰が負担するかなど、農畜産物にかかわる課題解決には、生産および消費のほか、流通面からのアプローチが不可欠であることは容易に推察できる。逆説的にいえば、貯蔵、保存、加工の費用負担問題が解決されれば、季節波動も解消されるものと期待できる。今後は、季節波動の解消へむけた貯蔵、保存、加工の費用負担問題の解明に取り組みたい。

引用・参考文献
［1］山口誠（1987）「地域開発計画のための経済分析手法―3―」『産業立地』26（8），pp.50-58.
［2］児玉卓哉（2019）「道産農畜産物の道外輸送の実態および課題とホクレンの取組みについて」『フロンティア農業経済研究』22（1），pp.25-33（http://hdl.handle.net/2115/77109）［2022年8月1日参照］.
［3］滝沢明義（1978）「農産物市場と輸送に関する試論：「農産物輸送論」への一接近」『北海道大学農經論叢』34，pp.91-106（http://hdl.handle.net/2115/10930）［2022年8月1日参照］.
［4］北海道経済部（2000）『物流効率化実態調査報告書』（https://www.pref.hokkaido.lg.jp/fs/4/8/6/4/8/3/0/_/buturyuuhoukokusho.pdf）［2022年8月1日参照］.
［5］北海道開発局開発監理部開発調査課（2022）『令和3年度　農畜産物及び加工食品の移出実態調査（令和2（2020）年）結果報告書』（https://www.hkd.mlit.go.jp/ky/ki/chousa/ud49g70000004d46-att/

slo5pa000000k5h2.pdf）［2022 年 8 月 1 日参照］.

［6］北海道経済連合会（2018）『北海道における食関連産業を支える物流のあ
り方　〜北海道の食産業の発展と活性化につながる物流システムの実現
に 向 け て 〜』（http://www.dokeiren.gr.jp/assets/files/pdf/teigen/butsuryu.
pdf）［2022 年 8 月 1 日参照］.

本書の総括

　本書は、食料基地北海道における食産業の更なる発展と物流ネットワークの強靱化に向けた具体策を提案することがねらいであるが、本稿で取り上げる「地域経済の強靱化」に関し、我が国の具体的施策である北海道の総合計画と北海道強靱化計画に共通するねらい・枠組みについて若干触れておこう。

　北海道の地域経済の強靱化に向けた根幹的政策としては、一つは、北海道全体の政策指針となる「北海道総合計画」[1]である。新型コロナウイルス感染症の影響を踏まえて、2021年11月に若干見直しが行われているが、特に、地域経済の強靱化に向けた持続可能な開発目標（SDGs）の立案やデジタル化、地域資源の活用などに取り組むこと等が強調されている。他方、国土強靱化基本法に基づく「北海道強靱化計画」[2]では、大規模自然災害から道民の生命・財産を守り、社会経済機能を維持するとともに、北海道がもつポテンシャルを活かしたバックアップ機能を強化することを目指す、としている。2020年3月に改定され、防災・減災やインフラ整備、食料の安定供給やエネルギー安全保障などに関する施策が盛り込

---

[1] 資料：『北海道総合計画【2021改訂版】』令和3年10月，北海道。
[2] 資料：『北海道強靱化計画〜安全・安心な北海道をつくり、国全体の強靱化に貢献するバックアップ機能を発揮するために〜』令和2年. 3月，北海道，pp.41〜46，（4.）ライフラインの確保（4-2　食料の安定供給の停滞、（5.）経済活動の機能維持、を参照されたい。

表1　北海道強靱化計画における食料の安定供給における強靱化と物流機能等の強化

食料の安定供給（食料生産基盤の整備）	☑ 平時、災害時を問わず全国の食料供給基地として重要な役割を担う本道の農水産業が、いかなる事態においても安定した食料供給機能を維持できるよう、耐震化などの防災・減災対策を含め、農地や農業水利施設、漁港施設等の生産基盤の整備を着実に推進する。 ☑ 本道の農水産業の生産力を確保するため、経営安定対策や担い手確保対策、主要農作物等の種子の安定供給、ロボット、AI、IoT の活用など持続的な農水産業経営に資する取組を推進する。
道内外における物流機能等の強化	☑ 災害時における被災地への物資や人員の輸送に加え、経済活動の継続に必要な物流拠点としての役割を担う港湾の機能強化に向け、ターミナル機能の強化に資する港湾施設の整備を推進するとともに、耐震強化岸壁の整備や液状化対策、老朽化対策を計画的に推進する。 ☑ 陸路における流通拠点の機能強化 広大な土地を有する北海道では、陸路における円滑な物資輸送を担う流通拠点の役割が重要であり、そうした拠点が被災した場合の代替機能の確保も困難であるため、流通拠点の機能強化や耐災害性を高める取組を進める。

資料：『北海道強靱化計画〜安全・安心な北海道をつくり、国全体の強靱化に貢献するバックアップ機能を発揮するために〜』令和2年．3月，北海道，pp.41〜46，4．ライフラインの確保（4-2）食料の安定供給の停滞、5．経済活動の機能維持より抜粋。

まれている。特に、同計画における重視すべき点は、食料基地北海道においては、物流機能の強化やサプライチェーンの強靱化等、経済活動の機能維持に向けて極めて重要な施策と位置付けている（表1）。

　このように北海道強靱化計画で取り上げている重要施策と本書で注目した『食料基地北海道を支える物流ネットワークの課題と強靱化に向けた戦略』は施策において概ね共通している。すなわち、本研究で取り上げる食糧基地北海道におけるサプライチェーン強靱化に向けた施策とは、北海道が生産する農畜水産品や加工食品を全国に安定的に供給するために、物流ネットワークの課題を解決し、災害や不測の事態にも対応できるようにする取り組みのことを指す。換言すれば、大災害時における食料の安定供給

に対応するためには、平時から十分な生産量を確保することが必要であり、食のブランド化や高付加価値化に向けた取組等を通じ、農水産物や加工食品の販路拡大を推進することに取組む上記強靭化計画の施策プログラムと共通する。

　この意味で、我が国そして北海道が目指す国土強靭化に向けた取組に共通するねらいは、人命を守る施策だけではなく、如何なる事態が発生しても機能不全に陥らない経済社会のリスクマネジメントを平時から備えることである。とりわけ、生命維持産業といえる農業についても食料供給をバックアップしていけるような農業生産基盤の整備や保全対策も強靭化を図る上で重要施策である。

　他方、産業活動を支える北海道の物資流動に着目すると、物流は、総生産に占める製造業の比率が全国と比べて低いことなどから、移出・移入などの貨物量が入超傾向にあり、さらに、首都圏など大消費地から遠隔地にあることや道内に点在する地方都市との都市間距離が長いことなど、地理的条件や季節波動性が高いといった構造的な課題を抱えている。加えて、流通構造の変化や情報化、国際化などの進展により、物流ニーズは多様化、高度化し、昨今顕在化しているトラック運転手不足、2024年から開始される「働き方改革による労働時間の制約」、それと連なる「改善基準告示」の改正、青函共用走行問題などが相乗し、物流を取り巻く環境は極めて厳しい状況にある。また、昨今の北海道を襲った豪雨や台風などの自然災害により、農産物への直接的被害はもとより、農業インフラへの甚大な影響、そして、本稿でも取り上げた物流網の一部切断等の自然災害による甚大な影響等々、総じて物流への影響は計り知れない。こうした食産業や物流の課題を克服することも、本書のねらいであるが、主に2つの視点から接近した。特に、供給サイドの視点からアグリビジネス分野の拡大とそれを支える食産業の重要性について、他方、物流サイドの視点から道内・道外間の輸送を取上げ、其々の切口から北海道における地域経済強靭化に

向けた戦略について、経済効果の導出や施策の貢献度などを中心に、多地域産業連関分析や経済統計分析等により検討し考察を加えたものである。

第1章では、北海道の産業構造の特徴を概観した上で、食料関連産業の生産・移出規模や農畜産・加工品等の輸送実態の特徴を整理するとともに、その移出量や輸送手段をマクロ的な見地から整理・考察した。次いで我々が試算した北海道・道外間輸送における「輸送力低下」「運賃上昇」が1次産業や地域経済全体に及ぼす影響の実証分析の推計結果を紹介した。最後に、試算結果を踏まえ、今後の移輸出拡大と物流ネットワークの円滑化・効率化に向けた物流の推進方策について検討を加えるとともに、地域経済の強靭化に向けた北海道が講じるべき生産・物流戦略に関して考察を加えた。

第2章では、「食料基地北海道の農産品の供給制約が全国各地にもたらす影響分析」と題し、主に災害時等における農業部門の供給制約に焦点を当てながら、その経済的影響に関し産業連関分析を試みた。具体的には、農業部門の供給制約が発生した場合の経済的影響を仮説的抽出法を適用し、経済的影響（食料基地北海道の農産品の供給制約が全国各地にもたらす負の影響）に関して実証分析を行った。

第3章では、「地域空間を考慮した地域間産業連関表の構築と妥当性の検証」と題し、地域空間を考慮した地域間産業連関表の構築に向けた方法論の整理と実証分析の際の作成方法について検討した。具体的には、様々な地域における政策評価に活用するため、既存の産業連関表を用いた接続表及び「完全分離法」による多地域間産業連関表を作成する方法論の検討とともに、既存の産業連関表と比較した推計結果の妥当性の検証や応用可能性について考察を加えた。

第4章では、「北海道の主要生産地域における物流の労働生産性向上にむけた取り組み」と題し、北海道農産品の主産地である富良野地域を対象とし、当該地域で農産品の輸送を担う富良野通運の効率化に向けた事例研

究を行い、労働生産性向上の指標となる積載率・実車率・実働率の向上を目途に実施している効率化の取組効果の検証と解決策を提示した。

第5章では、「北海道産農畜産物移出入の季節特性の把握─季節波動の解消を目的としたピークカットにむけた検討材料の提供─」と題し、北海道産農畜産物の北海道外への移出輸送の季節変動平準化問題を取り上げた。具体的には、北海道産の主力作物である馬鈴しょ、たまねぎに着目し、出荷量の多い時期に出荷量を削減する「ピークカットによる出荷量の平準化」方策の効果について検証し、北海道産野菜の貯蔵および加工などの産業横断的なイノベーションにかかわる検討材料を提示した。

以下に、各章における主な研究成果の共通点を要約するとともに、残された課題について触れておきたい。

☑ 食産業を中心とした供給サイドの視点から重視すべき点を指摘する。北海道においては、他地域と比較して比較優位性のあるアグリビジネス等の産業振興は必要不可欠な戦略である。今後とも、消費者・需要者ニーズに対応した「食」の供給地として貢献していくためにも、北海道の強みである食品製造業および農林水産業を始めとするアグリビジネス分野の産業振興が不可欠である。特に、生産サイドとして取り組まなければならない課題と施策の一つとして、本稿では北海道産農畜産物の北海道外への移出輸送の季節変動平準化の問題を取り上げた。そこでは、季節波動と片荷解消策に向けた「ピークカット」による出荷量の標準化（備蓄調整機能による標準化）を想定し、貯蔵等を通じた出荷調整＋加工転用（6次産業化の推進）の現実性について計量分析・実証分析を通じて検討した。その結果、出荷量の均一を想定した出荷時期の平準化は、季節波動の解消に資することが明らかとなった。例えば、①生産サイドにおける効果としては、ピークカット・平準化等によりピーク期の出荷量は減少するとともに、平均単価の上昇が期待されるため、取扱金額

は現状維持ないし微増する可能性が高いこと。ピーク期の出荷量の減少は、貯蔵等を通じた出荷時期の調整と加工への転用によりカバーされるので生産調整せずに対応可能である点。繁閑差の縮小により稼働率も向上し、輸送コスト負担の軽減（運賃コストへの軽減）効果も十分期待される点。他方、②物流事業者サイドにおける効果としては、ピークカット・平準化等により、ドライバー不足によるトラック輸送能力低下を回避できること。繁閑差の縮小により稼働率も向上し、輸送コスト負担軽減、収益性向上が期待できる点。鉄道貨物においても、繁閑調整が図られ、空きコンテナ回送を減少でき、運行の効率化が期待できる点など。さらに、③道内における食品製造業（新たな食品加工分野）の規模拡大も期待され、アグリビジネス製造業の集積や高付加価値化の進展が期待される点などを指摘した。以上の効果も含め、今後とも食産業の強靭化として北海道の「食」の貢献がこれまで以上に求められことから、平時から食料供給をバックアップできるような多様な農業形態の展開とサプライチェーンの強靭化が極めて重要な戦略であることを指摘する。

☑ 本稿で提起した物流部門の課題は、物流事業者だけの問題ではない。輸送力の低下による「出荷量の減少」、運賃上昇による「消費者価格への転嫁による市場での競争力の低下」、「生産者価格への転嫁よる収益の低下」など、北海道の基幹産業、農業の存続に関する問題である。農業分野だからこそ出来ることもある。農業サイドからの国、行政、経済団体への発信、農協出荷拠点、市場での積みおろし拠点でのパレット積みへの（パレット化による輸送効率の若干の低下への容認を含む）協力などである。当事者意識を持ち事態に臨むべきである。

☑ さらに重視すべき点として、物流の使命は、「必要なモノを必要なトキに必要なトコロに届けること」である。それを達成するために

は、物流事業者間の連携協力（共同輸送・物流施設の積み降ろしや待機時間短縮）はもとより、荷主・自治体、道・国等のインフラ管理者の多様な主体との連携・協力関係を確立し、省力化された効率的な物流を標準化することが不可欠である。消費者サイドも過剰サービスを求めたりせず、現在の安い輸送運賃体系の見直しも必要と考える。

☑ ドライバー不足に関しては、改正労働基準法が順次施行され、運送事業者にも 2024 年から「時間外労働の上限規制（年間 960 時間）」が適用される。今後、何らかの方策を講じなければ、輸送距離は格段に延び、ドライバー不足と時間的な制約から輸送力は低下することが必至であろう。本稿で指摘したように、北海道の農産品の多くが運べない、または、輸送費の高騰で消費地での北海道農産品の価格が上昇することに繋がる。したがって、ドライバー不足対策に向けては、ドライバーの「手待ち時間」（待機時間）や「手荷役」（人手による積み降ろし作業）を解消する必要がある。現在、全国農業協同組合連合会、ホクレン農業協同組合連合会を中心に、「パレット（一貫パレチゼーション）」を用いた機械荷役の取り組みが進められている。パレット輸送の普及にはその管理や費用の負担などで多くの課題[3] があるものの、ドライバー不足や長時間労働を解決する上で有効な施策と言える。

☑ 北海道の農産品輸送において、物流にかかわる施策を機能させるための取り組みとしては、「物流事業者との情報共有」や「輸送波動の平準化」が重視すべき点であるが、基本的に農業を主体とする輸送は一方通行となることから、コアとなる大量輸送に関する裁量権を

---

[3] ホクレンでは、一貫パレチゼーション拡充に向けた課題（パレット紛失への対応やパレットデポの確保、出荷段ボールサイズの統一およびパレチゼーションに対応した選果ラインの導入、JR 輸送における積載数量の減少等々）解決に取り組んでいる。

物流事業者側に引き寄せ、配車・運行管理を自らの手で行うことにより復路獲得の機会を拡大することが輸送波動の平準化には不可欠である。また、製材などの中継輸送の基地として営業倉庫などを設けることも有用である。さらに、物流事業者各社とも「働き方改革による労働時間の制約」で、労働時間をどう圧縮していくかが課題となる。そのためにはより多くの事業者が相互にその長所と短所の意見を交わし、貨物をやりとりする体制を推進する必要がある。

☑ 一方、北海道の地域強靱化に向けては、生産・流動・生活面に係る社会インフラ整備の立ち遅れも、今後、強靱化を進める上での大きな課題である。とりわけ、基幹的な交通インフラの不備が広大な地域を擁する北海道において、不測の事態・災害対応に大きな障壁となることが今後一層懸念される。特に、近年の異常気象を背景とする台風や頻繁に起こる局地的豪雨による被害などは、北海道においても災害リスクが非常に高い状況にある。

供給サイドはもとより、物流サイドにおいても、台風等の自然災害・被害を契機に、資源・エネルギー・原材料・食料等の生産活動や道民生活に必要な物資の供給活動の停止が発生することを想定し、自然災害による物流網の寸断、サプライチェーンの機能不全が地域経済に与える影響を十分認識する必要がある。そのためには、「不測の事態（攪乱項に対する機能不全）」が起きた際に、全体的なシステムの脆弱性が露呈し、機能不全に陥らないよう想定外の状況に向けて、危機時の耐性に優れ、危機から急回復できるような柔軟な社会システムへ進化すべく耐性を高めておく必要がある。

最後に、今後の残された課題として、第1章〜3章において分析・検討した効果については、その方法論において仮説的抽出法を中心とした仮説的な生産ショックのシナリオに基づいたマクロ的な経済的インパクトの推計となっている。したがって、より地域レベルでの固有性・特異性を考慮

した地域間連携を図るような広域経済圏を対象として、地域間（地域空間）の代替性や加工工程の拡大（食品製造業の規模拡大）を図る等の分析・検証に取組みたい。加えて、物流ネットワークの分析視点では、地域間産業連関表を基に、特定地域・地域間における輸送量を基に経済的影響を推計することで幹線物流ネットワークの重要性を考察したが、移出（需要）が減少すれば生産も減少するという均衡産出高モデルに基づく分析結果となっている。サプライチェーン寸断時に実際に起こりうるであろう、移出先の変更や他地域を経由した移出（再移出）がモデル上の仮定として想定されていない点は、産業連関分析の理論上の限界とも言えるが、前項における課題と同様、地域間の代替性や構造変化による動学的検証を組み入れた実証分析や、それに基づいたより精緻な分析結果の導出が今後必要と考える。とはいえ、アグリビジネスの推進とサプライチェーンの強靭化策などは、北海道の戦略として極めて重要な意味を持つことから、本書の成果としては有意義なものと言えよう。

　一方、物流に関しては、これまでは物流事業者に対しては、生産者や消費者らの荷主が優位な立場にあった。現在、その関係は変わりつつある。すなわち、荷主が運送事業者を選ぶ時代から、運ぶ側が荷主や荷物を選ぶ時代になっている。選ばれる荷物であるため、選ばれる荷主であるため、そして選ばれる地域であり続けるために、現在直面している課題について「物流分野が解決すべき課題」としてではなく、「農業関係者が当事者として解決すべき課題」と捉え直すことが求められよう。加えて、コスト負担の面から課題の多い「パレット化の推進」に向けては、輸送全体を通した定量的な効果を可視化し提示することで、相互に享受されるメリットが互いに理解されるため、関係者間の議論も円滑に進められよう。今後ともこうした「応分の負担」に関する研究が進められることを期待したい。

　最後に、経済的インパクトや経済効果の可視化に向けたテクニカルな点として、本書で取り上げた後方連関効果と前方連関効果は、農産物や食料

品等の生産に伴う原材料産業への波及効果や農産物や食料品等の供給に伴う最終製品産業への波及効果の両面に関して導出したものである。したがって、これまで東日本大震災以降、災害の経済評価やサプライチェーンの寸断の影響評価として前方・後方両面の連関効果の把握や可視化が重要な政策的含意となっている点からも、研究テーマ「食料基地北海道を支える物流ネットワークの課題と強靱化に向けた戦略」の成果は概ね達成したものと考えている。

〈謝辞〉

　本書のベースとなる各研究は、2019年〜2023年度の科学研究費基盤研究（C）研究代表者：阿部秀明、研究課題：「食料基地北海道を支える物流ネットワークの課題と強靱化に向けた戦略」課題番号（19K06261）、並びに2019年〜2023年度の科学研究費基盤研究（C）研究代表者：相浦宣徳、研究課題：「地域と地域をむすび、地域経済を支える「物流ネットワーク」の強靱化にむけて」課題番号（19K01941）による研究成果の一部である。

　各章の研究遂行にあたっては、株式会社ドーコン様、富良野通運株式会社様、日本貨物鉄道株式会社様、ホクレン農業協同組合連合会様、全国通運株式会社様をはじめ、多くの皆様のご助力・ご支援を賜りました。ここに深甚より感謝申し上げます。最後に本書出版にあたり、一方ならぬお世話を賜った株式会社アイワード　馬場康広氏にも心から御礼申し上げます。

著者代表　阿部秀明

執筆箇所及び執筆者紹介

阿部秀明：著者代表（序章～第3章、終章）

　1985年　北海道大学大学院環境科学研究科博士後期課程修了。学術博士

現　　在　北海商科大学大学院・教授

専門分野：農業経済学・地域経済学・環境経済学・公共経済学

主要著書・論文：

1）編著『地域経済におけるサプライチェーン強靭化の課題』，共同文化社，2022年。

2）共著『地域経済強靭化に向けた課題と戦略—北海道の6次産業化の推進と物流の課題の視点から』共同文化社，2018年。

3）編著『地域経済の進化と多様性』，泉文堂，2013年。

4）共著「農業部門の供給制約が及ぼすインパクト—仮説的抽出法によるアプローチ—」，フロンティア農業経済研究，第25巻，第1・2号，2023年

5）共著「北海道農産品輸送のパレット化推進に関する研究～パレットをつなぐ「縦」の連携・共通の道具とする「横」の連携」，日本物流学会誌　第28号，2020年。

6）単著「食糧基地北海道を支える物流の役割」，フロンティア農業経済研究，第22巻，第1号，2019年。

相浦宣徳：分担執筆（第2章、第4章）

　2000年　北海道大学大学院工学研究科博士後期課程修了。博士（工学）

現　　在　北海商科大学大学院・教授

専門分野　ロジスティクスシステム、地域物流

主要著書・論文：

1）代表著書『2021物流プロジェクトチーム報告書～北海道および全国各地の食産業を支える物流の課題整理と対策の検討～』，北海道経済連合会，2022年。

2）共著『地域経済におけるサプライチェーン強靭化の課題』，共同文化社，2022年。

3）共著『激変する農産物輸送　HAJAブックレットグローバリゼーションと北

海道』，北海道農業ジャーナリストの会，2019 年。

4）共著「バランスのとれた北海道内物流の再構築に向けた貨物鉄道利用促進の再検討〜この 10 年間の社会情勢の変化を踏まえて〜，第 21 回貨物鉄道論文賞受賞論文集　最優秀賞，2021 年。

5）共著「貨物鉄道ネットワークの途絶が及ぼす経済的インパクトに関する研究〜北海道・本州間の貨物鉄道輸送リンクを対象として」，研友社，Annual Review，No.25，2023 年。

6）共著「北海道新幹線並行在来線と青函共用走行区間における貨物鉄道輸送に関する一考察─議論の整理と仮説的抽出法アプローチによる影響分析─」，日本物流学会誌第 30 号，日本物流学会，2022 年。

伊藤寛幸：分担執筆（第 5 章）
　2003 年　北海道大学大学院農学研究科博士後期課程修了。博士（農学）
現　　在　北海商科大学大学院・教授
専門分野　農業経済学、アグリツーリズム
主要著書・論文：

1）共著：「動物とのふれあいによる癒しの創出─ふれあいファームにおけるアニマルウェルフェアの実践─」，矢部光保（編著）『草地農業の多面的機能とアニマルウェルフェア』第 7 章，筑波書房，2014 年。

2）共著：「表明選好法による農業・農村政策の便益評価と便益移転」，出村克彦・山本康貴・吉田謙太郎（編著）『農業環境の経済評価：多面的機能・環境勘定・エコロジー』第Ⅱ部　第 3 章，北海道大学出版会，2008 年。

3）共著「カフェ巡りは観光か？─　カフェツーリズムノススメ─」，北海道地域観光学会誌，第 10 巻第 1 号，2023 年。

4）単著「観光資源としてのふれあいファームの地域特性分析」，北海道地域観光学会誌，第 5 巻第 1 号，2018 年。

5）単著「国営農地再編整備による省力低コスト化の効果検証」，一般社団法人北海道土地改良設計技術協会『報文集』，第 26 号，2014 年。

6）共著「CVM による海岸環境保全便益の経済評価」，農業農村工学会誌，第 81
　巻第 7 号，2013 年。

永吉大介：分担執筆（第 4 章）
　2022 年　北海商科大学大学院商学研究科博士後期課程修了。博士（商学）
現　　　在　富良野通運株式会社　代表取締役社長
専門分野　ロジスティクスシステム、地域物流
主要著書・論文：
1）共著「農業に関連した物流における生産性向上の取り組み―北海道のへそ・
　富良野からの提言―」，日本物流学会誌第 27 号，2019。
2）共著「新たな物流課題が農業生産地域・富良野に及ぼす影響について」，フロ
　ンティア農業経済研究第 22 巻第 1 号，2019 年。
3）共著「北海道物流の課題と農業分野への影響―物流分野から農業分野への問
　題提起」，フロンティア農業経済研究第 22 巻第 1 号，2019 年。
4）共著「北海道農産品輸送のパレット化推進に関する研究～パレットをつなぐ
　「縦」の連携・共通の道具とする「横」の連携」，日本物流学会誌　第 28 号，
　2020
5）共著「バランスのとれた北海道内物流の再構築に向けた貨物鉄道利用促進の
　再検討～この 10 年間の社会情勢の変化を踏まえて～，第 21 回貨物鉄道論文
　賞受賞論文集　最優秀賞，2021

平出　渉：分担執筆（第 2 章、第 3 章）
　2023 年　北海商科大学大学院商学研究科博士後期課程修了。博士（商学）
現　　　在　株式会社ドーコン　都市・地域事業本部　総合計画部　主任研究員
専門分野　地域経済学・公共経済学・経済評価
主要著書：共著『地域経済におけるサプライチェーン強靭化の課題』，共同文化

社，2022 年。

主要論文：

1) 共著「農業部門の供給制約が及ぼすインパクト―仮説的抽出法によるアプローチ―」，フロンティア農業経済研究，第 25 巻，第 1・2 号，2022 年。

2) 共著「災害等による貨物鉄道ネットワークの途絶が及ぼす経済的インパクトに関する研究」，研友社，Annual Review，No.24，2022 年。

3) 共著「北海道新幹線並行在来線と青函共用走行区間における貨物鉄道輸送に関する一考察―議論の整理と仮説的抽出法アプローチによる影響分析―」，日本物流学会誌第 30 号，日本物流学会，2022 年。

4) 共著「貨物鉄道ネットワークの途絶が及ぼす経済的インパクトに関する研究〜北海道・本州間の貨物鉄道輸送リンクを対象として」，研友社，Annual Review，No.25，2023 年。

5) 共著「全国経済活動における北海道・道外間鉄道貨物輸送の貢献度と北海道新幹線による貨物輸送の経済効果」，日本物流学会誌第 25 号，2017 年。

食料基地北海道を支える物流ネットワークの課題と
強靭化に向けた戦略

2023 年 10 月 10 日　初版第 1 刷発行

編　著　者　阿部秀明
発　行　所　株式会社共同文化社
　　　　　　〒060-0033　札幌市中央区北 3 条東 5 丁目
　　　　　　Tel 011-251-8078　Fax 011-232-8228
　　　　　　E-mail info@kyodo-bunkasha.net
　　　　　　URL https://www.kyodo-bunkasha.net/
印刷・製本　株式会社アイワード

落丁本・乱丁本はお取り替えいたします。
無断で本書の全体又は一部複写・複製を禁じます。

ISBN 978-4-87739-393-9
Ⓒ ABE HIDEAKI 2023　Printed in JAPAN